人地互动智能大数据
Human-Earth Interaction Intelligent Big Data

朱定局　著

科学出版社

北京

内 容 简 介

本书属于原创性学术专著，其原创性在于首次提出、研究并给出了人地互动大数据，内容包括人地互动大数据时空模型的构建，面向人地互动大数据时空模型的升级，人地互动大数据时空模型的组织，人地互动大数据时空操作，人地互动大数据的采集、管理、展示、转换及应用。本书对这些人地大数据的研究有利于对当前人地互动引起的一系列环境问题、社会问题的深入分析和挖掘，进而找到人类社会和自然环境能够和谐发展、共存共荣之道。

本书可供计算机科学与技术专业、地理科学专业的教师、研究生及其他相关科研工作者阅读和参考。

图书在版编目(CIP)数据

人地互动智能大数据/朱定局著. —北京：科学出版社，2018.9
ISBN 978-7-03-057693-4

Ⅰ.①人… Ⅱ.①朱… Ⅲ.①数据模型－建立模型 Ⅳ.①TP311.13

中国版本图书馆 CIP 数据核字(2018)第 122877 号

责任编辑：闫 悦 / 责任校对：郭瑞芝
责任印制：张 伟 / 封面设计：迷底书装

科 学 出 版 社 出版
北京东黄城根北街 16 号
邮政编码：100717
http://www.sciencep.com
北京中石油彩色印刷有限责任公司 印刷
科学出版社发行 各地新华书店经销
*
2018 年 9 月第 一 版 开本：720×1 000 1/16
2019 年 1 月第二次印刷 印张：12 1/4
字数：247 000
定价：78.00 元
(如有印装质量问题，我社负责调换)

作 者 简 介

　　朱定局，华南师范大学教授，计算机学院党支部书记，计算机应用系主任，智慧计算科学研究所所长，中国科学院深圳先进技术研究院客座研究员。北京大学博士后，Texas State University 访问学者，中国科学院计算技术研究所博士。已出版科学专著《大数据智慧计算原理方法》《自然云计算理论》《智慧数字城市并行方法》《并行时空模型》《21 世纪海上丝绸之路与智慧旅游》（入选"十三五"国家重点图书）。

前　　言

　　人地互动对大数据有着极其重要的意义。人就是社会,地就是自然,大数据有的来源于社会,有的来源于自然,所以人地是大数据的主要来源,而人地互动又能产生更为复杂、更为生动有趣的大数据,这种大数据的价值和意义更为重大,因为这更符合现实的需要,就是人类适应自然且改造自然,又反过来受到自然的反作用。

　　大数据对人地互动也有着极其重要的意义。在人类社会与自然的相互作用中产生了大量与人类生活息息相关又与自然环境息息相关的大数据,对这些人地大数据的研究有利于对当前人地互动引起的一系列环境问题、社会问题的深入分析和挖掘,进而找到人类社会和自然环境能够和谐发展、共存共荣之道。

　　本书是一本原创性的学术著作,第 1 章～第 4 章是人地互动大数据的模型构建部分;第 5 章～第 8 章是人地互动大数据采集、处理及应用部分。本书的原创性在于首次提出、研究并给出了人地互动大数据,内容包括人地互动大数据时空模型的构建,面向人地互动大数据时空模型的升级,人地互动大数据时空模型的组织,人地互动大数据时空操作,人地互动大数据的采集、管理、展示、转换及应用。人地互动大数据时空模型的构建包括人地互动大数据时空模型的原理、组成、特性、处理模式和结构。面向人地互动大数据时空模型的升级包括人地互动传统时空模型的大数据升级、人地互动快照修正时空数据模型的大数据升级、人地互动复合时空数据模型的大数据升级、人地互动时空数据模型划分方法的比较、人地互动时空数据模型升级前后的性能比较。人地互动大数据时空操作包括本性聚类、查询、关系运算、时空分布、单个时间段全局存储空间下人地互动大数据操作、单个时间段多级存储空间下人地互动大数据操作、多个时间段人地互动大数据操作。人地互动大数据采集与管理包括人地互动大数据可信采集与管理、人地互动领域大数据采集与管理。人地互动大数据的展示与转换包括基于电子地图和移动定位的发布信息大数据查看、基于电子地图和时空属性的语言信息大数据显示、基于地理位置信息的语言大数据翻译。人地互动大数据应用包括基于深度学习和大数据的停车位检测、基于大数据和深度学习的停车诱导、基于停车难易度大数据的停车场空闲状况预测、基于时段设置和大数据的停车位预订。

　　本书的研究得到了国家级新工科研究与实践项目(粤教高函〔2018〕17 号)、国家社会科学基金重大项目(14ZDB101)、国家自然科学基金重点项目(41630635)、教育部-腾讯公司产学合作协同育人项目(201602001001)、广东高校重大科研项目(粤教科函〔2018〕64 号)、广东省新工科研究与实践项目(粤教高函〔2017〕118

号）、广东省高等教育教学研究和改革重点项目（粤教高函〔2016〕236 号）、广东省学位与研究生教育改革研究重点项目（粤教研函〔2016〕39 号）、广东省联合培养研究生示范基地（粤教研函〔2016〕39 号）的支持。

　　由于作者水平有限，书中难免有不妥之处，恳请读者批评指正。

朱定局

2018 年 6 月 8 日于华南师范大学

目　　录

第1章 人地互动大数据时空模型的构建

人们基于人地互动[1]传统时空数据模型[2]开发了大量的传统时空应用软件,这些软件曾经消耗过大量的技术、人力和财力,如果抛弃不用,而是基于人地互动大数据时空模型重新开发,将是一项浩大的、不太现实的工程。相反,可以继承并改造已有的程序操作和人地互动数据库,来升级遗留的传统时空软件,使其所基于的人地互动时空数据模型从人地互动传统时空数据模型升级为人地互动大数据时空模型,要比重新开发快得多。显然升级的方式节省了大量程序设计和人地互动大数据库设计的时间和人力,并加快了传统时空软件向大数据时空软件的过渡。所以本章分别介绍各主要的人地互动传统时空数据模型升级为相应人地互动大数据时空模型的方法。

1.1 人地互动大数据时空模型的原理

"万里无云""乌云密布",从这类成语可以看出云海是空间中存在的;同时云海也是与时间相关的,如"昨天还万里无云,今天就乌云密布了"。时空中处处都存在着云海模式。例如,用户人地互动大数据和服务请求总是在使用的过程中增减,云也是随着时间在消失或产生;再如,用户人地互动大数据和服务请求有正在使用的人地互动大数据、备用的人地互动大数据、潜在的人地互动大数据、正在处理的服务请求、备用的服务请求、潜在的服务请求,云也有正在下雨的黑云、储备着雨的乌云、储备着水汽的白云。云是可以分块的,可以并行地存在、飘动、降雨,所以时空中的人地互动大数据时空模型继承了并行时空模型[3]的所有特性,但增加了模型本身随着时间和空间发生变化的特点。

在人地互动大数据时空模型中黑云代表正在处理或正待处理的人地互动大数据和任务,乌云表示处于备用状态的人地互动大数据和任务,一旦黑云中有人地互动大数据和任务缺失,乌云中相应人地互动大数据和任务将迁移到黑云中进入处理队列。白云表示潜在的人地互动大数据和任务,白云将来可能变为乌云和黑云。因此可以将黑云称为活跃大数据,乌云称为备用大数据,白云称为潜在大数据。从人地互动大数据资源的角度上来看,活跃大数据、备用大数据、潜在大数据对应不同的介质,活跃大数据像黑云一样,最活跃,随时可能变成雨,被使用的频率最高,因此也最容易出故障;备用大数据像乌云一样,比较活跃,随时可以变成黑云,被使用的频率居中,一般较为可靠;潜在大数据像白云一样,最为稳定,除非降温将来才会变为乌云，使用的频率最低，也最为健壮。活跃大数据、备用大数据、潜在大数据之间的转化如同黑云、乌云、白云之间的转化。水蒸发为云，云降雨为水，同样人地互动大数据的需求来自应用和用户，人地互动大数据服务面向应用和用户，也是取之于民而用之于民。

从一个时刻到另一时刻人地互动数据集的变化，就相当于云的变化。根据人地互动大数据环境中人地互动大数据特点，可以抽象出人地互动大数据时空模型。人地互动大数据时空模型和人地互动传统时空数据模型一样，是人地互动时空数据存储和处理的框架，和人地互动并行时空数据模型一样支持对人地互动大数据的并行处理。同时，人地互动大数据时空模型比人地互动传统时空数据模型和人地互动并行时空数据模型更加灵活，人地互动大数据时空模型不但能为人地互动时空数据的组织和处理提供一个框架，而且其框架本身在时空中也是可以扩展和变化的。

1.2　人地互动大数据时空模型的组成

人地互动大数据时空模型组成示意如图 1.1 所示。

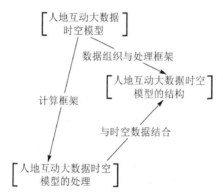

图 1.1　人地互动大数据时空模型组成示意

人地互动大数据时空模型为人地互动大数据提供一种可以参考的时空框架，为人地互动大数据中人地互动时空数据的组织和处理提供一种可以参考的框架。人地互动大数据时空模型是人地互动大数据的基础，因为人地互动大数据中人地互动时空数据的组织和处理需要在人地互动大数据的时空框架中进行；同时，人地互动大数据时空模型是人地互动时空模型的发展，因为如果不结合人地互动大数据需要处理的人地互动时空数据，其参考框架则太宽泛，难以起到实际的指导作用。

1.3　人地互动大数据时空模型的特性

1.3.1　时间上结构可变

人地互动大数据时空模型的第一核心机制在于时间上结构的可变性。时间上结构的可变性应用到人地互动大数据时空模型时，体现在其模型上的结构可变性，这是人地互动大数据时空模型区别于人地互动传统时空模型和并行时空模型的地方。所谓模型上的结构可变性，指的是不但模型所组织的人地互动大数据本身可变，其模型本身的组织方式也可变。模型上的结构可变性非常符合人地互动大数据环境的需要。人地互动大数据环境中的计算资源比传统计算环境如单机、服务器，比并行计算环境[4]如超级计算机[5]更易变，因为人地互动大数据环境中的计算资源可能/可以随时加入和撤出，所以必须变化模型本身来适应这种变化，以充分利用人地互动大数据环境中的资源。同时，人地互动大数据环境中的用户和应用的类型多、数量多且变化大，而传统计算环境和并行计算环境一般是企业内部使用或行业内部使用或一群相对稳定的固定用户使用，所以在人地互动大数据环境中必须变化模型本身来适应用户变化和应用变化，以更好地满足用户的需要和应用的需求。不同人地互动时空模型时间上结构可变性比较如图 1.2 所示，人地互动大数据时空模型时间上结构变化原因如图 1.3 所示。

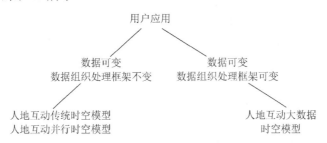

图 1.2　不同人地互动时空模型时间上结构可变性比较

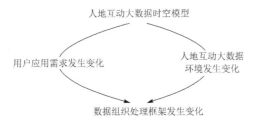

图 1.3　人地互动大数据时空模型时间上结构变化原因

1.3.2　空间上结构冗余

人地互动大数据时空模型的第二核心机制在于空间上结构的冗余性。空间上结构的冗余性应用到人地互动大数据时空模型时，体现在其模型上的存储容错性[6]和计算容错性[7]，这是人地互动大数据时空模型区别于人地互动传统时空模型和并行时空模型的地方。

1. 存储容错性

存储容错性如图 1.4 所示。所谓模型上的存储容错性，指的是通过处理存储空间、备用存储空间、潜在存储空间来加强存储容错性。潜在存储空间一般采用永久性介质，很稳定、不易损坏、成本低，虽然潜在存储空间速度较慢，但其中人地互动大数据使用频率低；备用存储空间稳定性、存取速度和成本处于处理存储空间和潜在存储空间之间；处理存储空间则存取速度最快，被访问得最频繁，但成本也相应最高。三层存储空间的相互配合，解决了存储容错性问题，增强了存储的鲁棒性，因为在处理存储空间上丢失或损坏的人地互动大数据可以在备用存储空间上恢复，在备用存储空间上丢失或损坏的人地互动大数据还可以在潜在存储空间上恢复；三层存储空间的相互配合，又可以提高存储的速度，减少了处理存储空间的人地互动数据量，从而可以使用更高成本但速度更快的处理存储空间；同时，三层存储空间的相互配合，还可以降低存储成本，因为很多较少使用的人地互动大数据或当前较少使用的人地互动大数据都可以存放在潜在存储空间，而潜在存储空间的成本是比较低的。人地互动传统时空模型和并行时空模型中存储空间不区分处理存储空间、备用存储空间和潜在存储空间，因此难以做到存储容错，也难以兼顾存取速度与成本。

图 1.4　存储容错性

2. 计算容错性

计算容错性如图 1.5 所示。所谓模型上的计算容错性，指的是通过处理存储空间、备用存储空间、潜在存储空间来加强计算容错性。人地互动传统时空模型和并行时空模型都没有特意考虑计算中间结果的存储，从而一旦某个计算进程发生错误，所有前期工作和其他协作进程的工作都白费了，所有的计算都得重新开始。而人地互动大数据时空模型则将处理存储空间中计算的关键中间结果存储到备用存储空间，将处理存储空间中计算的大存储量中间结果存储到潜在存储空间。这样一旦某个进程发生错误或损坏，其前面计算的成果及状态可以从备用存储空间或潜在存储空间中恢复，而某一个进程的中间结果可能需要其他进程的配合才能得到，所以如果该中间结果恢复不出来，则所有进程可能需要从头开始算一遍。将中间结果放到备用存储空间和潜在存储空间有两种模式：一种是显式，基于 Spark[8]、Hadoop[9]等流行的人地互动大数据平台，其计算模式是"划分—计算—中间文件—汇总"这种模式，这种模式在程序设计时就将计算容错的思想贯穿进去；另一种是隐式，类似容错型消息传递接口（message passing interface，MPI）[10]，这时需要设计中间件来监控各个进程，一旦某个进程发生问题，则其他进程暂缓，等待该进程从其他节点恢复。

图 1.5　计算容错性

1.4　人地互动大数据时空模型的处理模式

　　人地互动大数据时空模型有人地互动大数据数据时空模型、人地互动大数据任务时空模型、人地互动大数据流水时空模型和人地互动大数据混合时空模型。人地互动大数据时空模型中不同阶段的云模式可以发生变化，例如，在 T_{n-3} 时刻是人地互动大数据单级时空模型，到了 T_{n-2} 时刻就成了人地互动大数据多级时空模型，到了 T_{n-1} 时刻就成了人地互动大数据-任务时空模型，到了 T_n 时刻就成了人地互动大数据混合时空模型。

1.4.1　人地互动大数据时空模型

1. 单级

人地互动大数据云要求人地互动时空数据子集间相对独立，如图 1.6 所示，该图是一个特例示意图。从 T_0 到 T_n，人地互动数据集随着时间发生变化。处理的人地互动数据子集在黑云中，备用的人地互动数据子集在乌云中，潜在的人地互动数据子集在白云中。在 T_{n-1} 时刻，处于活跃大数据和备用大数据中的是人地互动数据子集 1 和人地互动数据子集 2，一旦活跃大数据中的某子集人地互动大数据发生损坏或丢失，备用大数据中的相应人地互动大数据就会自我克隆进入活跃大数据，活跃大数据和备用大数据中的人地互动数据子集是当前需要处理的人地互动数据子集，有可能在将来被淘汰进潜在大数据，甚至淘汰出局，如在 T_n 时刻，人地互动数据子集 2 就退出了活跃大数据和备用大数据，一般活跃大数据和备用大数据中超过一定时间长度一直闲置未用的可降级人地互动大数据将会退出活跃大数据和备用大数据，潜在大数据中超过一定时间长度一直闲置未用的可降级人地互动大数据将会消失，但有些人地互动大数据因为其很重要或很特殊，即使长期未用，也不会被降级，既不会从活跃大数据和备用大数据中降级到潜在大数据，也不会从潜在大数据中删除。T_{n-1} 时刻，处于潜在大数据中的是人地互动数据子集 3、人地互动数据子集 4 和人地互动数据子集 5，这些人地互动数据子集是当前无须处理、但在将来有可能需要处理的人地互动数据子集，如在 T_n 时刻，人地互动数据子集 3 和人地互动数据子集 4 就进入了活跃大数据和备用大数据。同时，活跃大数据中的人地互动数据子集可以根据需要从备用大数据中进行加载，不一定非得一次性全部加载到活跃大数据中，和人地互动大数据不一定要一次性地从硬盘加载到内存中一样。同时，活跃大数据中的人地互动大数据一旦在使用过程中发生了变化，会按照一定的规则更新到备用大数据和潜在大数据中。

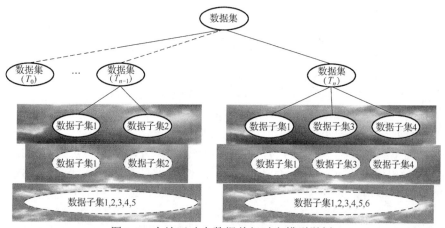

图 1.6　人地互动大数据单级时空模型举例

2. 多级

人地互动数据子集间相对独立，这种人地互动多级数据云比较常见，如先根据空间维进行人地互动大数据划分，再根据时间维进行人地互动大数据划分，如图1.7所示。活跃大数据、备用大数据、潜在大数据中人地互动大数据的存储方式可以不同，在活跃大数据中人地互动数据集可以划分得最细，为了充分发挥并行性，在备用大数据中人地互动数据集可以划分得较细，为了减少从备用大数据中调取人地互动大数据到活跃大数据中所需的时间，潜在大数据中人地互动数据集可以划分得较粗，因为其被使用的次数较少。多级并行[11]一般在活跃大数据中发生，一般是为了更大程度地发挥人地互动大数据资源的并行处理能力，同时也是为了加快应用和用户请求的处理速度。同时，随着人地互动大数据环境的变化，从一个时刻到另一个时刻，人地互动数据集的划分方式在活跃大数据中也会发生变化，如在 T_{n-1} 时刻人地互动数据子集 1 有 2 个子集，而在 T_n 时刻人地互动数据子集 1 有 3 个子集，其变化的原因既可能是因为划分得更细，也可能是因为人地互动数据子集中的人地互动大数据得到了追加和扩展。备用大数据中粒度较大的人地互动数据子集为活跃大数据在不同阶段的不同划分提供了便捷的人地互动大数据源，因为这样活跃大数据中的人地互动数据子集就无须重组后再重新划分。

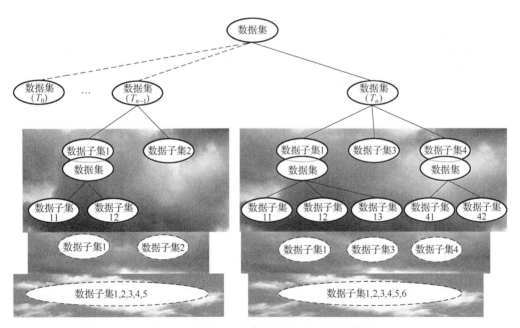

图 1.7   人地互动大数据多级时空模型举例

1.4.2　人地互动大数据任务时空模型

1. 单级

人地互动大数据单级任务时空模型的任务子集间相对独立，如图 1.8 所示。从人地互动大数据平台的角度上来说，任务对应着进程或程序或软件模块或应用服务。活跃大数据中的任务是当前正在或正待处理的任务，备用大数据中的任务在活跃大数据中的任务损坏或丢失时将会进行替代，潜在大数据中的任务是当前尚不需要处理、但在将来可能需要处理，如处于休眠状态中的那些任务。对应到人地互动大数据资源，则活跃大数据中的任务一般已经被加载到人地互动大数据节点的内存中，备用大数据中的任务一般已经被加载到人地互动大数据节点的本地硬盘中，潜在大数据中的任务一般放在联网的磁盘阵列[12]中。

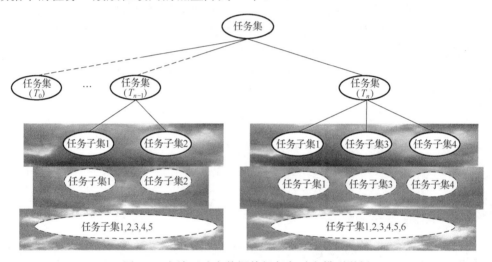

图 1.8　人地互动大数据单级任务时空模型举例

2. 多级

人地互动大数据多级任务时空模型的任务子集间相对独立；这种多级任务也比较常见，如先根据空间关系操作进行任务划分，再根据时间关系操作进行任务划分，如图 1.9 所示。人地互动大数据资源中往往有多个人地互动大数据节点，每个人地互动大数据节点往往有多个人地互动大数据服务器，每个服务器往往有多个主板，每个主板往往有多个计算处理器，每个计算处理器往往有多个核，这些人地互动大数据资源的多级与很多应用的多级相吻合。同样，其任务的多级结构也会随着时间的变化在空间分布上发生变化。

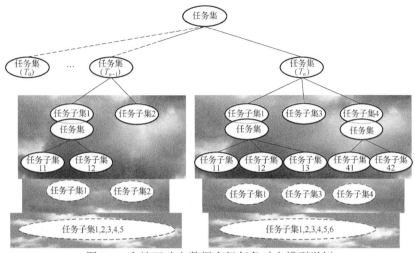

图 1.9　人地互动大数据多级任务时空模型举例

1.4.3　人地互动大数据流水时空模型

1. 单级

任务子集间有时序关系，人地互动数据集可以被分为任务子集数目的 N 倍，N 越大，则流水并行加速度越接近于任务划分的数目，如图 1.10 所示。云模式中人地互动数据子集的组成和任务子集的组成都会随着时间发生变化，即使在每个时刻，当活跃大数据或备用大数据发生故障时，也会存在着人地互动大数据从潜在大数据向备用大数据或备用大数据向活跃大数据的流动。

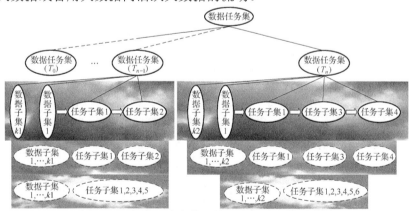

图 1.10　人地互动大数据单级流水时空模型举例

2. 多级

流水-流水云：是流水线的分裂，同一级流水线对应的程序对象距离近，不同级流水线对应的程序对象距离远，如图 1.11 所示。在不同的时刻，流水的主流和支流可能会发生变化，流水所经过的某些任务子集可能会发生变化，某些流水线可能会分裂为更细的流水线。

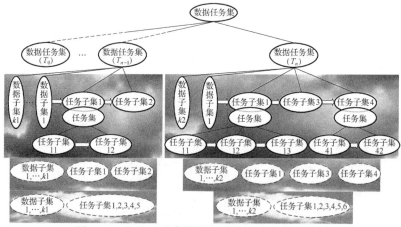

图 1.11　人地互动大数据多级流水时空模型举例

1.4.4　人地互动大数据混合时空模型

1. 数据−任务

人地互动数据子集间相对独立，任务子集间相对独立，各任务集的划分方式可以相同也可以不同，如图 1.12 所示。人地互动大数据划分以及人地互动数据子集上的任务划分可能会随着时间的变化而发生空间上布局的变化。

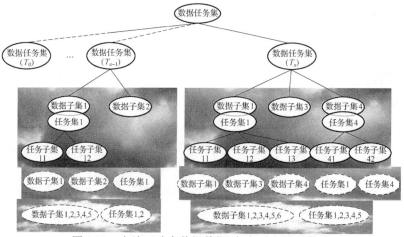

图 1.12　人地互动大数据数据−任务时空模型举例

2. 任务−数据

任务子集间相对独立，人地互动数据子集间相对独立，各人地互动数据集的划分可以相同，也可以不同，如图 1.13 所示。任务划分以及任务子集上的人地互动大数据划分可能会随着时间的变化而发生空间上布局的变化。

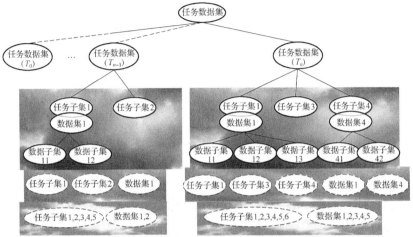

图 1.13　人地互动大数据任务-数据时空模型举例

3. 流水-数据

任务子集 1 将自己复制三份，分别处理三个不同人地互动数据子集中各子集人地互动大数据，并尽快地发送给任务子集 2 中的三个复制体处理。各人地互动数据集的划分可以相同，也可以不同。人地互动大数据流水-数据时空模型如图 1.14 所示。任务链以及任务链上的人地互动数据流可能会随着时间的变化而发生空间上布局的变化。

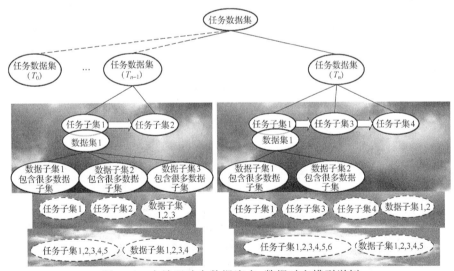

图 1.14　人地互动大数据流水-数据时空模型举例

4. 数据-流水

任务子集间有时序关系，人地互动大数据可以划分成并行加速度[13]的倍数，倍数应该比较大。人地互动数据子集中继续划分子集人地互动大数据,依次输入给起始任务子集。各任务集的划分可以相同,也可以不同。人地互动大数据数据-流水时空模型如图 1.15 所示。人地互动数据子集以及人地互动数据子集中人地互动数据流所经过的任务链可能会随着时间的变化而发生空间上布局的变化。

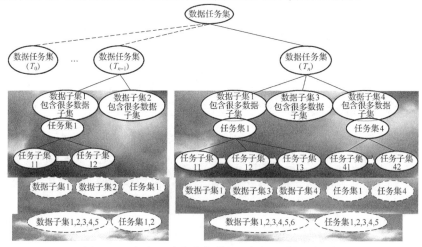

图 1.15　人地互动大数据数据-流水时空模型举例

5. 流水-任务

流水级的子任务之间有时序关系,任务并行的子任务之间相对独立。各任务子集的划分可以相同,也可以不同。人地互动大数据流水-任务时空模型如图 1.16 所示。任务链上的人地互动数据流以及任务链上各任务的划分可能会随着时间的变化而发生空间上布局的变化。

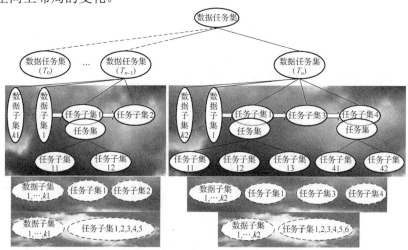

图 1.16　人地互动大数据流水-任务时空模型举例

6. 任务-流水

任务并行的子任务之间相对独立，流水级的子任务之间有时序关系。各任务子集所处理的人地互动大数据可以相同，也可以不同。人地互动大数据任务-流水时空模型如图 1.17 所示。任务集的划分以及任务子集中任务链及其上的人地互动数据流可能会随着时间的变化而发生空间上布局的变化。

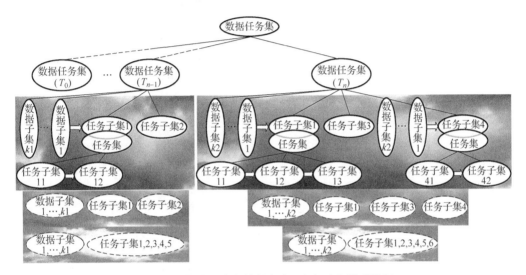

图 1.17　人地互动大数据任务-流水时空模型举例

1.5　人地互动大数据时空模型的结构

如同云一样，人地互动大数据包括但不限于应用人地互动大数据、用户人地互动大数据、观察人地互动大数据、程序人地互动大数据。人地互动大数据存在于时空中，将这种人地互动时空数据的框架和特点进行抽象，就可以总结出人地互动大数据时空模型。人地互动大数据时空模型与人地互动并行时空数据模型及人地互动传统时空数据模型的区别在于其可变性，人地互动大数据时空模型就像云一样，其模型本身可以随着时间在空间上发生变化。

人地互动大数据能用于各行各业，如科学领域、石油领域，包括与时空相关的领域，因此需要人地互动大数据时空模型为人地互动时空数据在人地互动大数据平台上的处理提供组织框架，并为时空应用提供人地互动大数据模式。人地互动时空数据和时空应用涉及时间、空间、特性及其之上的人地互动时空问题，是最为复杂的人地互动大数据和关系及计算的集合。人地互动大数据时空模型能使人地互动大数据在时空应用中发挥更大的效益，同时能使人地互动大数据在时空应用中得到更有效的推广。

　　人地互动时空模型又称人地互动时空数据模型，是一种人地互动时空数据组织和使用方式的抽象，并服务于时空应用，为解决人地互动时空问题提供框架。时空模型向内提供对人地互动时空数据的组织方式，向外提供对时空应用的支持。时空模型的目标是为人地互动时空数据的组织以及时空应用的开发提供一个可以遵循和参考的模型。人地互动传统时空数据模型所面向的应用计算量和存储量比较小，在串行计算机上可以处理。随着应用的深入和使用规模的扩大，人们发现串行计算模式远远不能满足需求，只能求助于并行计算[14]。进而随着用户的普及和使用模式的多样化，人们发现并行计算系统的研发周期和可扩展性已不能满足需求，人地互动大数据环境可以支持应用的快速部署和升级、用户的动态聚散和个性化服务。

　　人地互动传统时空数据模型和人地互动并行时空数据模型最大的区别在于人地互动传统时空数据模型是在串行计算模式下设计的，只能在串行环境下运行，而人地互动并行时空数据模型是在并行计算模式下设计的，可以在并行环境下运行。人地互动并行时空数据模型和人地互动大数据时空模型的第一个区别在于人地互动并行时空数据模型中人地互动大数据和任务的划分是在运行前确定的，而人地互动大数据时空模型中人地互动大数据的时空布局可以在运行时不断地加入和变化，因此其划分也是动态的、可扩展的；第二个区别在于人地互动并行时空数据模型中的人地互动大数据和任务都只有一条"命"，除非人为地进行备份，而人地互动大数据时空模型中的人地互动大数据都"死"不了，即使某个节点或磁盘突然毁坏，其中的人地互动大数据也可以自动恢复，让人有种"云深不知处"的神秘感。第一个区别体现了人地互动大数据时空模型在时间上比人地互动并行时空数据模型更具备动态扩展性；第二个区别体现了人地互动大数据时空模型在空间上比人地互动并行时空数据模型更具备动态扩展性。同时，人地互动大数据时空模型和人地互动并行时空数据模型一样具备并行性，但更灵活、更健壮。人地互动大数据时空模型能根据人地互动时空问题的数量和规模大小以及用户访问量的情况进行人地互动大数据资源的调度与分配，使得大的人地互动时空问题能在聚合后的人地互动大数据资源上得以有效解决，同时使得小的人地互动时空问题能在聚合后更充分地利用强大的人地互动大数据资源。

1.5.1　人地互动大数据时空模型的组成要素

　　时空[15]中包含大量的人地互动对象。对象有本性、空间属性、时间属性。对象之间的关系有本性关系、空间关系、时间关系。不同的人地互动对象可以并存于时空之中，不同的关系也可以并存于时空之中，同时它们布局的方式也随着时间在发生变化。

时空中的大数据[16]特性主要存在于三个基本维：空间维、时间维、本性维。而时空中的人地互动对象又可以分为应用对象、用户对象、程序对象。为了进行人地互动大数据划分，同时为了将划分映射到人地互动大数据环境，需要人为增加模型对象。模型对象本身也在时空中发生着变化，而模型对象又决定着其他对象在时空中的分布形式。

在空间维中，不同空间位置的人地互动对象可以并行地产生、存在、变化或消失。例如，在水平方向，路上有人在走，也有车子在开。再如，在垂直方向，云在空中飘，雨水降落到地表，流水渗入到地下。

在时间维中，不同时间的人地互动对象可以并行地产生、存在、变化或消失。例如，一个孩子一天前坐在一个椅子上，一天后他的父亲可以坐在这个椅子上。

在本性维，不同本性的人地互动对象可以并行地产生、存在、变化或消失。例如，动物、植物、人造物可以同时活动。

以上三维中存在着应用对象、用户对象、程序对象、模型对象。应用对象之间的关系包括时间关系、空间关系、本性关系。应用对象与用户对象之间的关系包括应用操作。应用操作是一系列有序、有目的的时间关系、空间关系、本性关系的集合。应用对象、用户对象、程序对象、模型对象都属于对象。

人地互动大数据时空模型和人地互动并行时空数据模型一样，可以有很多程序对象，这些程序对象根据兴趣进行分工，动态、并行地对整个时空中的人地互动对象进行操作和观察。不同的是，人地互动并行时空数据模型中程序对象的分工一般确定后不再改变，人地互动大数据时空模型中程序对象的分工和分布一般会随着时间发生变化。

不同应用对象可以并存，如地下水、建筑物等。

不同用户对象可以并存，如规划局、环境局等。

不同对象之间的关系可以并存，如不同应用对象之间的关系、用户对象之间的关系、程序对象之间的关系、应用对象和用户对象之间的关系、程序对象和其他对象之间的关系、关系之间的关系。

不同应用操作可以并存。例如，以下应用操作可以并行地进行：石油公司(用户对象)勘探(应用操作)地下石油(应用对象)、水厂勘查地下水、城市规划人员对城市地表进行规划、环保局人员对城市环境和大气污染进行监测、气象局对气候进行监测。

不同程序对象可以并行地观察空间的不同部分，可以并行地观察时间的不同部分，还可以并行地观察不同的应用对象或用户对象或应用操作，可以使用不同的操作观察同一个对象或关系或空间部分或时间部分。

用户对象所在的空间作为其空间属性，所在的时间作为其时间属性，可以操作的应用对象类型、应用操作方法作为其本性，操作的历史也可以作为其本性。

程序对象在人地互动大数据节点上的分布作为其空间属性和所观察的空间，其所在的计算节点的性能作为其时间属性和所观察的时间，可以观察的人地互动对象或关系类型、观察操作方法作为其本性，观察结果、观察的历史也可以作为其本性。

不同程序对象对同一个对象或关系的观察结果可以不同，好比"横看成岭侧成峰"。

1.5.2 人地互动大数据时空模型的定义

人地互动大数据时空模型是一种人地互动时空数据在人地互动大数据环境中组织和使用方式的抽象，并服务于大数据时空应用，为在人地互动大数据环境中解决人地互动时空问题提供框架。人地互动大数据时空模型向内提供对人地互动时空数据的云组织方式；向外提供对时空应用的云支持。人地互动大数据时空模型的科学目的是表示现实世界的时空大数据特性；技术目的是在人地互动大数据环境中模拟具备时空并行性、动态性、自适应性的现实世界；应用目的是为构建具有海量时空并行性[17]、动态性、自适应性的应用提供云支持。人地互动大数据时空模型的具体目标是为人地互动时空数据的并行、动态、自适应组织以及大数据时空应用的开发提供一个可以遵循和参考的模型。人地互动大数据时空模型继承了人地互动传统时空数据模型对时空单元的表示方法，继承了人地互动并行时空数据模型不同时空单元之间的并行方法，并能将不同时空单元映射到不同的人地互动大数据节点，从而只要保持计算节点数与时空规模同比例增长，就能基本保持计算时间的稳定。不同的是，人地互动大数据时空模型的并行模式及映射方式可以随着人地互动大数据环境和人地互动大数据需求的变化而自适应地动态调整。

人地互动大数据时空模型的公式为

$$\text{Model\_Bigdata} = \int \text{Model\_Bigdata}(t)\,dt = \{\text{Model\_Bigdata}(0), \text{Model\_Bigdata}(1),$$

$$\text{Model\_Bigdata}(2), \cdots\}$$

$$\text{Model\_Bigdata}(t) = \{\text{Model\_Parallel}\}$$

$$\text{Model\_Parallel} = \text{Parallel\_communication}(\text{Models}, \text{Parallel\_level7th\_componentS}$$

$$(\text{Part\_dimension\_type}(\text{Object\_collection})))$$

其中，Object_collection 指的是人地互动对象的集合；Part_dimension_type 指的是综合某几维根据某个类型的人地互动对象对人地互动对象集合的一个划分；

Parallel_level$T$th_componentS 指的是第 T 级多个并行地对各人地互动大数据划分进行处理的服务模块,如果只有 1 级,则 T 为 1;Parallel_communication 指的是多个服务模块之间用于协同地完整解决人地互动时空问题时的通信,其中,服务模块本身又可以是人地互动并行时空数据模型。与并行时空模型不同的是,各时间段的人地互动大数据时空模型可能会有所不同,所以人地互动大数据时空模型是各时间段的人地互动并行时空数据模型组合的集合。

　　人地互动传统时空数据模型、人地互动并行时空数据模型与人地互动大数据时空模型的关系如图 1.18 所示。人地互动传统时空数据模型将现实世界看作从始至终、从头到尾的一个整体,如同串行计算机将人地互动大数据看作从头到尾的整体、将程序看作从始至终的整体一样,所以人地互动传统时空数据模型眼中的世界是串行的,表示的方式自然也是串行模式,因此只能在串行计算机上运行。而串行计算机的能力是有限的,从而限制了人地互动大数据处理的规模化和快速化。其实现实世界是并行的,正如一些经典的成语"万马奔腾、万箭齐发",所以用人地互动并行时空数据模型能更真实地表示现实世界,可以在并行计算机上运行,而并行计算机可以无限扩展,从而使得对人地互动大数据的大规模快速处理成为可能。但针对特定人地互动大数据的人地互动并行时空数据模型在整个处理过程中一般是固定不变的,如果要改变,则需要重新设计和部署,实际上现实世界不但是并行的,也是千变万化的,人地互动大数据时空模型可以自适应地根据条件和需要对自身模型进行调整,使得人地互动大数据处理更为灵活、更易部署。时空在局部上看来是串行的,但从全局看来是并行的,如果再动态地看,时空像云一样在不停变化。串行计算可以对人地互动时空数据进行串行处理,其中,人地互动大数据组织处理的模式可以抽象为人地互动传统时空数据模型。并行计算可以对人地互动时空数据进行并行处理,其中,人地互动大数据组织处理的模式可以抽象为人地互动并行时空数据模型。人地互动大数据可以对人地互动时空数据进行大数据处理,其中,人地互动大数据组织处理的模式可以抽象为人地互动大数据时空模型。

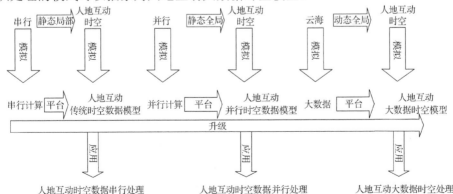

图 1.18　人地互动传统时空数据模型、人地互动并行时空数据模型与人地互动大数据时空模型的关系

人地互动时空数据模型按时空性进行分类，如图 1.19 所示。按时间、空间和本性的组织方式进行分类，不管是人地互动传统时空数据模型、人地互动并行时空数据模型还是人地互动大数据时空模型，都可以分为复合型、修正型、快照型和立方体型，如图 1.19 所示。

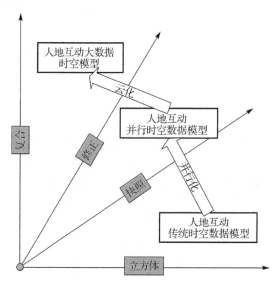

图 1.19　人地互动时空数据模型按时空性进行分类

按各类人地互动对象集合的划分方式进行分类，人地互动大数据时空模型根据划分的维数可以分为单维和多维；根据划分的级数可以分为单级和多级；根据划分的通信开销可以分为紧耦合和松耦合；根据划分的一致性可以分为单式和多式；根据划分的相关性可以分为独立和关联。人地互动大数据时空模型按划分的方式进行分类，如图 1.20 所示。

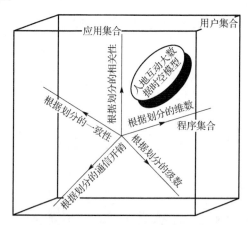

图 1.20　人地互动大数据时空模型按划分的方式进行分类

第 2 章   面向人地互动大数据时空模型的升级

2.1   人地互动传统时空模型的大数据升级

2.1.1   人地互动串行立方体时空数据模型

人地互动串行立方体时空数据模型,将二维空间和时间维一起构成了三维空间,在这三维空间中的任意一个空间都可以赋予属性,从而用来表达时空中的人地互动对象及其属性和关系。人地互动串行立方体时空数据模型既可以表达标量人地互动大数据,又可以表达矢量人地互动大数据。用于表达标量人地互动大数据时,每个单位时空立方体中的标量像素点的数量一般是相同的,但实际上也可以不同;如果用于表达矢量人地互动大数据,每个单位时空立方体中包含的矢量点线面的数量可以不同;如果用于表达对象人地互动大数据,每个单位时空立方体中包含的人地互动对象的数量也可以不同,如图 2.1 所示。

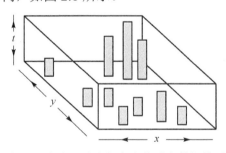

图 2.1   人地互动串行立方体时空数据模型

在传统的人地互动立方体时空数据模型中所有的立方体放在同一个盒子中,进行人地互动立方体时空数据模型中的人地互动大数据处理时,是从盒子的某一个地方开始,一个立方体接一个立方体地处理,这是串行计算的特征,也是人地互动传统立方体时空数据模型的特征。

2.1.2   划分人地互动串行立方体时空数据模型

如果在传统的人地互动立方体时空数据模型的基础上进行改进,那么可以采用索引的方法加速串行计算机对传统的人地互动立方体时空数据模型的处理。下面给出其改进方法：将包围盒进行划分，从而形成 N 叉树三维索引。分割的方法有很多种，概括来说，主要包括在维上进行等间隔划分、在维上进行等值划分、在维上进行等面积划分等，还可以根据关系进行划分。

例如，最简单的划分方式是将盒子竖切一刀、横切一刀、中间切一刀，如图 2.2所示。这样包围盒就被分成了 8 个小的包围盒。

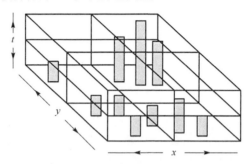

图 2.2 划分人地互动串行立方体时空数据模型

2.1.3 人地互动索引立方体时空数据模型

根据图 2.3 的划分可以构成索引树[18]，如图 2.3 所示。

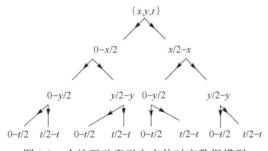

图 2.3 人地互动索引立方体时空数据模型

串行计算程序将会在索引树每一级选择其中一个分支来执行。经过索引后人地互动立方体时空数据模型的处理速度可以从 $O(n)$ 加速为 $O(\log_2 n)$。如果索引树有 w 个分支，则时间缩短为 $O(\log_w n)$，其中，n 为人地互动立方体时空数据模型中立方体的个数。如果一个立方体代表一个对象，那么 n 也是人地互动立方体时空数据模型中对象的个数。

2.1.4 人地互动并行立方体时空数据模型

划分后的索引树由不同的并行计算节点处理，然后将处理的结果进行汇总。例如，如果用两个并行进程处理上述索引树，则索引树的并行分割如图 2.4 所示。

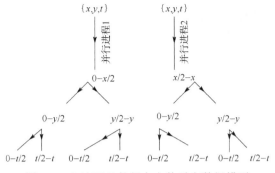

图 2.4　人地互动并行立方体时空数据模型

此时对人地互动并行立方体时空数据模型中所有对象的处理时间是 $O(\log_w n/k)$，其中，k 为并行进程的个数。在这个处理的过程中，$k-1$ 个进程的处理时间是 $O(1)$，因为这些进程一旦判断所需要处理的人地互动对象不在自己的范围之内，将结束处理；只有 1 个进程的处理时间是 $O(\log_w n/k)$。因此总的处理时间还是 $O(\log_w n/k)$。

2.1.5　人地互动多用户立方体时空数据模型

上述情况是只有一个用户使用人地互动传统立方体时空数据模型或者人地互动并行立方体时空数据模型的情况。如果用户远远大于 1 个，是 m 个，此时如果用未索引的人地互动传统立方体时空数据模型，对每个用户的需求处理都是相同的，每个用户所需的处理时间都是 $O(n)$，所以总共需要的处理时间为 $O(m \cdot n)$。此时如果用索引后的人地互动传统立方体时空数据模型，对每个用户的需求处理都是相同的，每个用户需要的处理时间都为 $O(\log_w n)$，此时总共需要的时间为 $O(m \cdot \log_w n)$。但如果此时用人地互动并行立方体时空数据模型，则因为 k 个人地互动并行时空数据模型的划分可以同时接收用户的处理请求，所以总共需要的处理时间为 $O(m/k \cdot \log_w n/k)$。

2.1.6　人地互动大数据立方体时空数据模型

人地互动大数据立方体时空数据模型可以根据人地互动大数据环境中资源状况和用户应用需求来改变，从而使得模型的人地互动大数据存储处理效率更高，能更有效地适应人地互动大数据环境，满足用户和应用的需要。例如，如果经过一段时间后，人地互动数据量 n 的增长或/和用户量 m 的增长或/和计算资源的增长，使得索引分支数最好变为 $w \cdot s1$、并行进程数最好变为 $k \cdot s2$，则总共需要的处理时间为 $O(m/(k \cdot s1) \cdot \log_{w \cdot s2} n/(k \cdot s1))$；但如果此时用人地互动并行立方体时空数据模型，则总共需要的处理时间仍为 $O(m/k \cdot \log_w n/k)$；如果此时用索引后的人地互动传统立方体时空数据模型，则总共需要的处理时间仍为 $O(m \cdot \log_w n)$；如果此时用未索引的人地互动传统立方体时空数据模型，总共需要的处理时间仍为 $O(m \cdot n)$。

人地互动并行立方体时空数据模型不提供容错机制，这与流行的并行环境是一致的，如 MPI 标准并不提供任何的容错机制，一旦一个并行进程出了问题，所有并行进程的工作都前功尽弃，一旦一个人地互动大数据出了问题，所有并行进程的计算要么无法进行要么计算结果没有意义。目前也有人在研究容错的并行计算环境，但其实现机制复杂，一般要结合具体应用来定制，难以普及。而人地互动大数据立方体时空数据模型因为存在多级存储空间即处理空间、备用空间、潜在空间，可以实现存储容错和计算容错。

存储发生故障或错误的概率与人地互动数据量成正比，假设单位人地互动数据量存储出错的概率为 $p1$，则全部人地互动大数据出错的概率为 $O(p1 \cdot n)$；假设单位人地互动大数据冗余存储花费的时间为 $t1$ 和单位人地互动大数据恢复花费的时间为 $t2$，则全部人地互动大数据冗余存储和恢复花费的时间为 $O(n/(k \cdot s1) \cdot t1 + p1 \cdot n/(k \cdot s1) \cdot t2)$，所以人地互动大数据立方体时空数据模型总共需要的处理时间为 $O(m/(k \cdot s1) \cdot \log_{w \cdot s2} n/(k \cdot s1)) + O(n/(k \cdot s1) \cdot t1 + p1 \cdot n/(k \cdot s1) \cdot t2)$，因为一般情况下 $t1$ 和 $t2$ 相对于处理时间而言非常小，可以近似认为总处理时间不变，仍然为 $O(m/(k \cdot s1) \cdot \log_{w \cdot s2} n/(k \cdot s1))$，而此时人地互动大数据立方体时空数据模型存储出错的概率可以接近零；如果是人地互动传统立方体时空数据模型或人地互动并行立方体时空数据模型，处理总时间不变，但有 $O(p1 \cdot n)$ 的概率下人地互动大数据无法恢复。

计算发生故障或错误的概率与进程数成正比，假设每个进程出错的概率为 $p2$，则全部进程出错的概率为 $O(p2 \cdot (k \cdot s1))$；假设每个进程中间结果存储花费的时间为 $t3$ 和每个进程中间结果恢复花费的时间为 $t4$，则全部进程中间结果存储和恢复花费的时间为 $O(n/(k \cdot s1) \cdot (k \cdot s1) \cdot t3/(k \cdot s1) + n/(k \cdot s1) \cdot p2 \cdot (k \cdot s1) \cdot t4/(k \cdot s1))$，所以人地互动大数据立方体时空数据模型总共需要的处理时间为 $O(m/(k \cdot s1) \cdot \log_{w \cdot s2} n/(k \cdot s1)) + O(n/(k \cdot s1) \cdot t3 + p2 \cdot n/(k \cdot s1) \cdot t4)$，因为 $t3$ 和 $t4$ 相对于处理时间而言非常小，可以近似认为总处理时间不变，仍然为 $O(m/(k \cdot s1) \cdot \log_{w \cdot s2} n/(k \cdot s1))$，而此时人地互动大数据立方体时空数据模型计算出错的概率可以接近零；但如果是人地互动并行立方体时空数据模型，有 $O(p2 \cdot k)$ 的概率下所有进程需要重新开始，则总处理时间变为 $O((1 + p2 \cdot k) \cdot m/k \cdot \log_w n/k)$；如果是人地互动传统立方体时空数据模型，有 $O(p2)$ 的概率下进程需要重新开始，则总处理时间变为 $O((1 + p2) \cdot m \cdot \log_w n)$。

2.2 人地互动快照修正时空数据模型的大数据升级

2.2.1 人地互动串行快照修正时空数据模型

快照模型、修正模型如图 2.5 所示。快照模型或者修正模型既可以表达标量人地互动大数据，也可以表达矢量人地互动大数据。当表达标量人地互动大数据时，

其中的 a、b、c 等符号表达的则是不同像素点的特征值；如果表达矢量人地互动大数据，则其中 a、b、c 等符号表达的是点、线、面、体及点线面体上所赋予的值；如果表达对象人地互动大数据，则其中 a、b、c 等符号表达的是不同的人地互动对象。

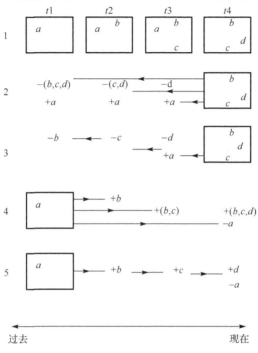

图 2.5　快照修正时空数据模型

图 2.5 中，1 是快照模型，就是在每个时间点，给空间拍一张照片；2 是以现在为基础的增量式人地互动时空数据模型，也就是对现在的空间拍一张照片，然后将历史上所有时间点的空间与现在的空间进行比较，将变化的部分记录下来，放入人地互动时空数据模型中；3 是以现在时间点的照片为第一个比较的基础，记录下现在时间的前一个时间点与现在时间点的空间内容的变化，然后将前一个时间的前一个时间点与前一个时间点进行比较，并记录下如何变化，所以在 3 中总是将相邻的时间点进行比较，而不是和 2 一样，只和现在的时间点的空间内容进行变化的比较；4 和 2 类似(称为 4、2 修正模型，下同)，是以过去的某一个时间点为基底，而后续的时间点的空间内容都与过去的那个时间点进行比较，并在人地互动时空数据模型中记录下这些变化；5 和 3 类似(称为 5、3 修正模型，下同)，以过去的某一个时间点为第一个基底，然后与后续的相邻时间点的空间内容进行互相比较。

上述的时空内容，可以是矢量，也可以是标量，还可以是对象，对图 2.5 而言，就是其中的 a、b、c 等。

2.2.2　划分人地互动快照修正时空数据模型

本书从时间维上，将各个时间点所组成的时间段，从中间切了一刀；然后对各个时间点的空间矩阵进行了分割，切了两刀。同样，分割的方式可以有很多种，可以根据维进行绝对划分，也可以根据关系进行相对划分，而不管绝对划分或者相对划分，又有很多种方法。分割之后就可以进行索引，以加速对人地互动传统时空数据模型的处理速度，如图2.6所示。

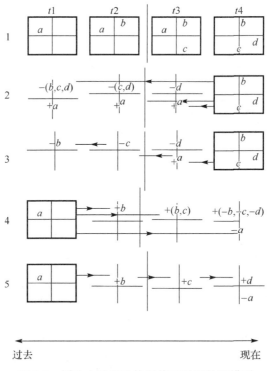

图2.6　划分人地互动快照修正时空数据模型

2.2.3　人地互动索引快照时空数据模型

图2.7中的索引方式对应着快照人地互动时空数据模型。图中第一级索引对应着不同的快照；第二级索引对应着同一个快照中的不同空间部分，包括上半空间及其内容和下半空间及其内容；第三级索引对应着同一个快照中的不同空间部分，包括左半空间及其内容和右半空间及其内容。这样检索的时间就从未索引的快照人地互动时空数据模型的 $O(n)$ 缩短为 $O(\log_2 n)$。如果索引树有 w 个分支，则时间缩短为 $O(\log_w n)$。

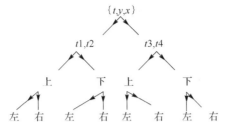

图 2.7　人地互动索引快照时空数据模型

2.2.4　人地互动并行快照时空数据模型

如果利用人地互动并行快照时空数据模型进行处理，则索引树需要进行分割，以分派到不同的并行进程。人地互动并行快照时空数据模型如图 2.8 所示。

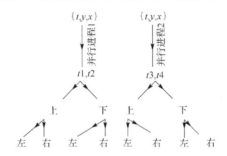

图 2.8　人地互动并行快照时空数据模型

如果人地互动并行快照时空数据模型中包含 k 个并行时空模块，也就是将上述的索引树分为 k 个部分，则处理时间缩短为 $O(\log_w n/k)$。

如果是 m 个用户同时使用快照人地互动时空数据模型，那么使用未索引的快照人地互动时空数据模型的处理时间复杂度为 $O(m \cdot n)$；使用索引后的快照人地互动时空数据模型的处理时间复杂度为 $O(m \cdot \log_w n)$；而人地互动并行快照时空数据模型需要的时间为 $O(m/k \cdot \log_w n/k)$。

2.2.5　人地互动大数据快照时空数据模型

人地互动大数据快照时空数据模型可以根据人地互动大数据环境中资源状况和用户应用需求来改变，从而使得模型的人地互动大数据存储处理效率更高，能更有效地适应人地互动大数据环境，满足用户和应用的需要。例如，如果经过一段时间后，人地互动数据量 n 的增长或/和用户量 m 的增长或/和计算资源的增长，使得索引分支数最好变为 $w \cdot s1$、并行进程数最好变为 $k \cdot s2$，则总共需要的处理时间为 $O(m/(k \cdot s1) \cdot \log_{w \cdot s2} n/(k \cdot s1))$；但如果此时用人地互动并行快照时空数据模型，则总共需要的处理时间仍为 $O(m/k \cdot \log_w n/k)$；如果此时用索引后的人地互动传统快照时空数据模型，则总共需要的处理时间仍为 $O(m \cdot \log_w n)$；如果此时用未索引的人地互动传统快照时空数据模型，总共需要的处理时间仍为 $O(m \cdot n)$。

人地互动并行快照时空数据模型不提供容错机制。而人地互动大数据快照时空数据模型因为存在多级存储空间即处理空间、备用空间、潜在空间，可以实现存储容错和计算容错。

存储发生故障或错误的概率与人地互动数据量成正比，假设单位人地互动数据量存储出错的概率为 $p1$，则全部人地互动大数据出错的概率为 $O(p1 \cdot n)$；假设单位人地互动大数据冗余存储花费的时间为 $t1$ 和单位人地互动大数据恢复花费的时间为 $t2$，则全部人地互动大数据冗余存储和恢复花费的时间为 $O(n/(k \cdot s1) \cdot t1 + p1 \cdot n/(k \cdot s1) \cdot t2)$，所以人地互动大数据快照时空数据模型总共需要的处理时间为 $O(m/(k \cdot s1) \cdot \log_{w \cdot s2} n / (k \cdot s1)) + O(n/(k \cdot s1) \cdot t1 + p1 \cdot n/(k \cdot s1) \cdot t2)$，因为一般情况下 $t1$ 和 $t2$ 相对于处理时间而言非常小，可以近似认为总处理时间不变，仍然为 $O(m/(k \cdot s1) \cdot \log_{w \cdot s2} n / (k \cdot s1))$，而此时人地互动大数据快照时空数据模型存储出错的概率可以接近零；如果是人地互动传统快照时空数据模型或人地互动并行快照时空数据模型，处理总时间不变，但有 $O(p1 \cdot n)$ 的概率下人地互动大数据无法恢复。

计算发生故障或错误的概率与进程数成正比，假设每个进程出错的概率为 $p2$，则全部进程出错的概率为 $O(p2 \cdot (k \cdot s1))$；假设每个进程中间结果存储花费的时间为 $t3$ 和每个进程中间结果恢复花费的时间为 $t4$，则全部进程中间结果存储和恢复花费的时间为 $O(n/(k \cdot s1) \cdot (k \cdot s1) \cdot t3/(k \cdot s1) + n/(k \cdot s1) \cdot p2 \cdot (k \cdot s1) \cdot t4/(k \cdot s1))$，所以人地互动大数据快照时空数据模型总共需要的处理时间为 $O(m/(k \cdot s1) \cdot \log_{w \cdot s2} n / (k \cdot s1)) + O(n/(k \cdot s1) \cdot t3 + p2 \cdot n/(k \cdot s1) \cdot t4)$，因为 $t3$ 和 $t4$ 相对于处理时间而言非常小，可以近似认为总处理时间不变，仍然为 $O(m/(k \cdot s1) \cdot \log_{w \cdot s2} n/(k \cdot s1))$，而此时人地互动大数据快照时空数据模型计算出错的概率可以接近零；但如果是人地互动并行快照时空数据模型，有 $O(p2 \cdot k)$ 的概率下所有进程需要重新开始，则总处理时间变为 $O((1 + p2 \cdot k) \cdot m/k \cdot \log_w n/k)$；如果是人地互动传统快照时空数据模型，有 $O(p2)$ 的概率下进程需要重新开始，则总处理时间变为 $O((1 + p2) \cdot m \cdot \log_w n)$。

2.2.6　人地互动索引与并行时空 2、4 修正模型

2、4 修正人地互动时空数据模型的索引方法及并行修正模型的划分方法与快照人地互动时空数据模型的索引方法及并行快照模型相同。不同的是，处理过程中每个分支都需要与基底快照进行合成，以生成该分支的快照。所以每个分支需要多处理一步，相当于时间翻倍了。也就是说，未索引的 2、4 修正人地互动时空数据模型的处理时间变为 $O(2 \cdot n)$；索引后的 2、4 修正人地互动时空数据模型的处理时间变为 $O(2 \cdot \log_w n)$；人地互动并行时空修正模型的处理时间为 $O(2 \cdot \log_w n/k)$。如果有 m

个用户并发地使用人地互动时空修正模型，则使用未索引的 2、4 修正人地互动时空数据模型的处理时间复杂度为 $O(2 \cdot m \cdot n)$；使用索引后的 2、4 修正人地互动时空数据模型的处理时间复杂度为 $O(2 \cdot m \cdot \log_w n)$；而并行时空修正人地互动大数据模型需要的时间为 $O(2 \cdot m/k \cdot \log_w n/k)$。

2.2.7　人地互动大数据时空 2、4 修正模型

人地互动大数据时空 2、4 修正模型可以根据人地互动大数据环境中资源状况和用户应用需求来改变，从而使得模型的人地互动大数据存储处理效率更高，能更有效地适应人地互动大数据环境，满足用户和应用的需要。例如，如果经过一段时间后，人地互动数据量 n 的增长或/和用户量 m 的增长或/和计算资源的增长，使得索引分支数最好变为 $w \cdot s1$、并行进程数最好变为 $k \cdot s2$，则总共需要的处理时间为 $O(2 \cdot m/(k \cdot s1) \cdot \log_{w \cdot s2} n/(k \cdot s1))$；但如果此时用人地互动并行时空 2、4 修正模型，则总共需要的处理时间仍为 $O(2 \cdot m/k \cdot \log_w n/k)$；如果此时用索引后的传统时空 2、4 修正模型，则总共需要的处理时间仍为 $O(2 \cdot m \cdot \log_w n)$；如果此时用未索引的传统时空 2、4 修正模型，总共需要的处理时间仍为 $O(2 \cdot m \cdot n)$。

人地互动并行时空 2、4 修正模型不提供容错机制。而人地互动大数据时空 2、4 修正模型因为存在多级存储空间即处理空间、备用空间、潜在空间，可以实现存储容错和计算容错。

存储发生故障或错误的概率与人地互动数据量成正比，假设单位人地互动数据量存储出错的概率为 $p1$，则全部人地互动大数据出错的概率为 $O(p1 \cdot n)$；假设单位人地互动大数据冗余存储花费的时间为 $t1$ 和单位人地互动大数据恢复花费的时间为 $t2$，则全部人地互动大数据冗余存储和恢复花费的时间为 $O(n/(k \cdot s1) \cdot t1 + 2 \cdot p1 \cdot n/(k \cdot s1) \cdot t2)$，所以人地互动大数据时空 2、4 修正模型总共需要的处理时间为 $O(2 \cdot m/(k \cdot s1) \cdot \log_{w \cdot s2} n/(k \cdot s1)) + O(n/(k \cdot s1) \cdot t1 + 2 \cdot p1 \cdot n/(k \cdot s1) \cdot t2)$，因为一般情况下 $t1$ 和 $t2$ 相对于处理时间而言非常小，可以近似认为总处理时间不变，仍然为 $O(2 \cdot m/(k \cdot s1) \cdot \log_{w \cdot s2} n/(k \cdot s1))$，而此时人地互动大数据时空 2、4 修正模型存储出错的概率可以接近零；如果是传统时空 2、4 修正模型或人地互动并行时空 2、4 修正模型，处理总时间不变，但有 $O(p1 \cdot n)$ 的概率下人地互动大数据无法恢复。

计算发生故障或错误的概率与进程数成正比，假设每个进程出错的概率为 $p2$，则全部进程出错的概率为 $O(p2 \cdot (k \cdot s1))$；假设每个进程中间结果存储花费的时间为 $t3$ 和每个进程中间结果恢复花费的时间为 $t4$，则全部进程中间结果存储和恢复花费的时间为 $O(n/(k \cdot s1) \cdot (k \cdot s1) \cdot t3/(k \cdot s1) + 2 \cdot n/(k \cdot s1) \cdot p2 \cdot (k \cdot s1) \cdot t4/(k \cdot s1))$，所以人地互动大数据时空 2、4 修正模型总共需要的处理时间为 $O(2 \cdot m/(k \cdot s1) \cdot \log_{w \cdot s2} n/(k \cdot s1)) + O(n/(k \cdot s1) \cdot t3 + 2 \cdot p2 \cdot n/(k \cdot s1) \cdot t4)$，因为 $t3$ 和 $t4$ 相对于处理时间而言非常小，可以近似认为总处理时间不变，仍然为 $O(2 \cdot m/(k \cdot s1) \cdot \log_{w \cdot s2} n/(k \cdot s1))$，而此时人地互动大

数据时空 2、4 修正模型计算出错的概率可以接近零；但如果是人地互动并行时空 2、4 修正模型，有 $O(p2 \cdot k)$ 的概率下所有进程需要重新开始，则总处理时间变为 $O((1+p2 \cdot k) \cdot 2 \cdot m/k \cdot \log_w n/k)$；如果是传统时空 2、4 修正模型，有 $O(p2)$ 的概率下进程需要重新开始，则总处理时间变为 $O(p2 \cdot 2 \cdot m \cdot \log_w n)$。

2.2.8 改进后的人地互动索引与并行时空 2、4 修正模型

对于索引 2、4 人地互动时空修正模型而言，可以先处理基底快照，并将处理结果存储在缓存中，然后，只需要结合缓存中的结果处理各变化即可，从而处理时间不再是翻倍，而只是加了 1 步，那就是对基底的事先处理。此时未索引的 2、4 修正人地互动时空数据模型的处理时间变为 $O(1+n)$，所以仍然为 $O(n)$；索引后的 2、4 修正人地互动时空数据模型的处理时间变为 $O(1+\log_w n)$，所以仍然为 $O(\log_w n)$；人地互动并行时空修正模型的处理时间为 $O(1+\log_w n/k)$，所以仍然为 $O(\log_w n/k)$。如果有 m 个用户并发地使用人地互动时空修正模型，则使用未索引的修正人地互动时空数据模型的处理时间复杂度为 $O(m \cdot (1+n))$，即 $O(m+m \cdot n)$，仍然为 $O(m \cdot n)$；使用索引后的修正人地互动时空数据模型的处理时间复杂度为 $O(m \cdot (1+\log_w n))$，因为 $\log_w n$ 一般大于 1，所以时间复杂度一般为 $O(m \cdot \log_w n)$；而并行修正人地互动时空数据模型需要的时间为 $O(m/k \cdot (1+\log_w n/k))$，所以仍然为 $O(m/k \cdot \log_w n/k)$。

由上可见，改进后的修正人地互动时空数据模型的时间复杂度与人地互动快照时空数据模型及人地互动立方体时空数据模型的时间复杂度在同一个数量级。但显然，人地互动时空修正模型的处理时间复杂度，总是大于人地互动立方体时空数据模型和人地互动快照时空数据模型，因为有一个变化与基底进行合成来还原空间内容的时间。

2.2.9 改进后的人地互动大数据时空 2、4 修正模型

改进后的人地互动大数据时空 2、4 修正模型可以根据人地互动大数据环境中资源状况和用户应用需求来改变，从而使得模型的人地互动大数据存储处理效率更高，能更有效地适应人地互动大数据环境，满足用户和应用的需要。例如，如果经过一段时间后，人地互动数据量 n 的增长或/和用户量 m 的增长或/和计算资源的增长，使得索引分支数最好变为 $w \cdot s1$、并行进程数最好变为 $k \cdot s2$，则总共需要的处理时间为 $O(m/(k \cdot s1) \cdot \log_{w \cdot s2} n/(k \cdot s1))$；但如果此时用人地互动并行时空 2、4 修正模型，则总共需要的处理时间仍为 $O(m/k \cdot \log_w n/k)$；如果此时用索引后的传统时空 2、4 修正模型，则总共需要的处理时间仍为 $O(m \cdot \log_w n)$；如果此时用未索引的传统时空 2、4 修正模型，总共需要的处理时间仍为 $O(m \cdot n)$。

改进后的人地互动并行时空 2、4 修正模型不提供容错机制。而改进后的人地互动大数据时空 2、4 修正模型因为存在多级存储空间即处理空间、备用空间、潜在空间，可以实现存储容错和计算容错。

存储发生故障或错误的概率与人地互动数据量成正比，假设单位人地互动数据量存储出错的概率为 $p1$，则全部人地互动大数据出错的概率为 $O(p1 \cdot n)$；假设单位人地互动大数据冗余存储花费的时间为 $t1$ 和单位人地互动大数据恢复花费的时间为 $t2$，则全部人地互动大数据冗余存储和恢复花费的时间为 $O(n/(k \cdot s1) \cdot t1 + p1 \cdot n/(k \cdot s1) \cdot t2)$，所以改进后的人地互动大数据时空 2、4 修正模型总共需要的处理时间为 $O(m/(k \cdot s1) \cdot \log_{w \cdot s2} n/(k \cdot s1)) + O(n/(k \cdot s1) \cdot t1 + p1 \cdot n/(k \cdot s1) \cdot t2)$，因为一般情况下 $t1$ 和 $t2$ 相对于处理时间而言非常小，可以近似认为总处理时间不变，仍然为 $O(m/(k \cdot s1) \cdot \log_{w \cdot s2} n/(k \cdot s1))$，而此时改进后的人地互动大数据时空 2、4 修正模型存储出错的概率可以接近零；如果是改进后的传统时空 2、4 修正模型或改进后的人地互动并行时空 2、4 修正模型，处理总时间不变，但有 $O(p1 \cdot n)$ 的概率下人地互动大数据无法恢复。

计算发生故障或错误的概率与进程数成正比，假设每个进程出错的概率为 $p2$，则全部进程出错的概率为 $O(p2 \cdot (k \cdot s1))$；假设每个进程中间结果存储花费的时间为 $t3$ 和每个进程中间结果恢复花费的时间为 $t4$，则全部进程中间结果存储和恢复花费的时间为 $O(n/(k \cdot s1) \cdot (k \cdot s1) \cdot t3/(k \cdot s1) + n/(k \cdot s1) \cdot p2 \cdot (k \cdot s1) \cdot t4/(k \cdot s1))$，所以改进后的人地互动大数据时空 2、4 修正模型总共需要的处理时间为 $O(m/(k \cdot s1) \cdot \log_{w \cdot s2} n/(k \cdot s1)) + O(n/(k \cdot s1) \cdot t3 + p2 \cdot n/(k \cdot s1) \cdot t4)$，因为 $t3$ 和 $t4$ 相对于处理时间而言非常小，可以近似认为总处理时间不变，仍然为 $O(m/(k \cdot s1) \cdot \log_{w \cdot s2} n/(k \cdot s1))$，而此时改进后的人地互动大数据时空 2、4 修正模型计算出错的概率可以接近零；但如果是改进后的人地互动并行时空 2、4 修正模型，有 $O(p2 \cdot k)$ 的概率下所有进程需要重新开始，则总处理时间变为 $O((1 + p2 \cdot k) \cdot m/k \cdot \log_w n/k)$；如果是改进后的传统时空 2、4 修正模型，有 $O(p2)$ 的概率下进程需要重新开始，则总处理时间变为 $O((1 + p2) \cdot m \cdot \log_w n)$。

2.2.10　人地互动索引与并行时空 3、5 修正模型

如果采用 3、5 修正模型，并利用基底逐步推导进行恢复，则每个时间点恢复其空间内容需要 $O(t)$ 步，所以需要在原有的处理时间上乘 t 数量级。也就是说，未索引的人地互动 3、5 修正时空数据模型的处理时间变为 $O(t \cdot n)$；索引后的人地互动 3、5 修正时空数据模型的处理时间变为 $O(t \cdot \log_w n)$；人地互动并行时空 3、5 修正模型的处理时间为 $O(t \cdot \log_w n/k)$。如果有 m 个用户并发地使用时空 3、5 修正模型，则使用未索引的人地互动 3、5 修正时空数据模型的处理时间复杂度为 $O(t \cdot m \cdot n)$；使用索引后的人地互动 3、5 修正时空数据模型的处理时间复杂度为 $O(t \cdot m \cdot \log_w n)$；而人地互动并行 3、5 修正时空数据模型需要的时间为 $O(t \cdot m/k \cdot \log_w n/k)$。

2.2.11　人地互动大数据时空 3、5 修正模型

人地互动大数据时空 3、5 修正模型可以根据人地互动大数据环境中资源状况和

用户应用需求来改变，从而使得模型的人地互动大数据存储处理效率更高，能更有效地适应人地互动大数据环境，满足用户和应用的需要。例如，如果经过一段时间后，人地互动数据量 n 的增长或/和用户量 m 的增长或/和计算资源的增长，使得索引分支数最好变为 $w \cdot s1$、并行进程数最好变为 $k \cdot s2$，则总共需要的处理时间为 $O(t \cdot m/(k \cdot s1) \cdot \log_{w \cdot s2} n/(k \cdot s1))$；但如果此时用人地互动并行时空 3、5 修正模型，则总共需要的处理时间仍为 $O(t \cdot m/k \cdot \log_w n/k)$；如果此时用索引后的人地互动传统时空 3、5 修正模型，则总共需要的处理时间仍为 $O(t \cdot m \cdot \log_w n)$；如果此时用未索引的人地互动传统时空 3、5 修正模型，总共需要的处理时间仍为 $O(t \cdot m \cdot n)$。

人地互动并行时空 3、5 修正模型不提供容错机制。而人地互动大数据时空 3、5 修正模型因为存在多级存储空间即处理空间、备用空间、潜在空间，可以实现存储容错和计算容错。

存储发生故障或错误的概率与人地互动数据量成正比，假设单位人地互动数据量存储出错的概率为 $p1$，则全部人地互动大数据出错的概率为 $O(p1 \cdot n)$；假设单位人地互动大数据冗余存储花费的时间为 $t1$ 和单位人地互动大数据恢复花费的时间为 $t2$，则全部人地互动大数据冗余存储和恢复花费的时间为 $O(n/(k \cdot s1) \cdot t1 + t \cdot p1 \cdot n/(k \cdot s1) \cdot t2)$，所以人地互动大数据时空 3、5 修正模型总共需要的处理时间为 $O(t \cdot m/(k \cdot s1) \cdot \log_{w \cdot s2} n/(k \cdot s1)) + O(n/(k \cdot s1) \cdot t1 + t \cdot p1 \cdot n/(k \cdot s1) \cdot t2)$，因为一般情况下 $t1$ 和 $t2$ 相对于处理时间而言非常小，可以近似认为总处理时间不变，仍然为 $O(t \cdot m/(k \cdot s1) \cdot \log_{w \cdot s2} n/(k \cdot s1))$，而此时人地互动大数据时空 3、5 修正模型存储出错的概率可以接近零；如果是人地互动传统时空 3、5 修正模型或人地互动并行时空 3、5 修正模型，处理总时间不变，但有 $O(p1 \cdot n)$ 的概率下人地互动大数据无法恢复。

计算发生故障或错误的概率与进程数成正比，假设每个进程出错的概率为 $p2$，则全部进程出错的概率为 $O(p2 \cdot (k \cdot s1))$；假设每个进程中间结果存储花费的时间为 $t3$ 和每个进程中间结果恢复花费的时间为 $t4$，则全部进程中间结果存储和恢复花费的时间为 $O(n/(k \cdot s1) \cdot (k \cdot s1) \cdot t3/(k \cdot s1) + t \cdot n/(k \cdot s1) \cdot p2 \cdot (k \cdot s1) \cdot t4/(k \cdot s1))$，所以人地互动大数据时空 3、5 修正模型总共需要的处理时间为 $O(t \cdot m/(k \cdot s1) \cdot \log_{w \cdot s2} n/(k \cdot s1)) + O(n/(k \cdot s1) \cdot t3 + t \cdot p2 \cdot n/(k \cdot s1) \cdot t4)$，因为 $t3$ 和 $t4$ 相对于处理时间而言非常小，可以近似认为总处理时间不变，仍然为 $O(t \cdot m/(k \cdot s1) \cdot \log_{w \cdot s2} n/(k \cdot s1))$，而此时人地互动大数据时空 3、5 修正模型计算出错的概率可以接近零；但如果是人地互动并行时空 3、5 修正模型，有 $O(p2 \cdot k)$ 的概率下所有进程需要重新开始，则总处理时间变为 $O((1+p2 \cdot k) \cdot t \cdot m/k \cdot \log_w n/k)$；如果是人地互动传统时空 3、5 修正模型，有 $O(p2)$ 的概率下进程需要重新开始，则总处理时间变为 $O(p2 \cdot t \cdot m \cdot \log_w n)$。

2.2.12 改进后的人地互动索引与并行时空 3、5 修正模型

因为在索引树中或者在人地互动并行时空 3、5 修正模型分割后的索引树中，相

邻的时间点总是兄弟或父亲，所以进行恢复时不需要从原始的基底开始，而是利用父亲或兄弟的恢复结果进行恢复。这样就不需要将计算时间翻 t 倍数量级，而只要 t/w 倍数量级即可，因为父子或兄弟节点之间的距离为 t/w，而距离即需要恢复的步骤，所以未索引的人地互动 3、5 修正时空数据模型的处理时间变为 $O(t \cdot n)$；索引后的人地互动 3、5 修正时空数据模型的处理时间变为 $O(t/w \cdot \log_w n)$；人地互动并行时空 3、5 修正模型处理时间为 $O(t/w \cdot \log_w n/k)$。如果有 m 个用户并发地使用时空 3、5 修正模型，则使用未索引的人地互动 3、5 修正时空数据模型的处理时间复杂度为 $O(t \cdot m \cdot n)$；使用索引后的人地互动 3、5 修正时空数据模型的处理时间复杂度为 $O(t/w \cdot m \cdot \log_w n)$；而人地互动并行 3、5 修正时空数据模型需要的时间为 $O(t/w \cdot m/k \cdot \log_w n/k)$。

修正模型的好处在于节省了存储的空间，没有必要存储与基底重复的空间内容。人地互动 3、5 修正时空数据模型比 2、4 修正人地互动时空数据模型更能节省存储空间，因为相邻的两个快照之间的变化很小，所以需要存储的变化更小。但需要恢复出各快照的内容时，时间复杂度则从 2、4 修正人地互动时空数据模型的 $O(1)$ 变为 $O(n)$，最少需要的恢复时间是 1 步，就是离基底时间最近的那个时间点，最多是 n 步，就是离基底时间最远的那个时间点。

2.2.13　改进后的人地互动大数据时空 3、5 修正模型

改进后的人地互动大数据时空 3、5 修正模型可以根据人地互动大数据环境中资源状况和用户应用需求来改变，从而使得模型的人地互动大数据存储处理效率更高，能更有效地适应人地互动大数据环境，满足用户和应用的需要。例如，如果经过一段时间后，人地互动数据量 n 的增长或/和用户量 m 的增长或/和计算资源的增长，使得索引分支数最好变为 $w \cdot s1$、并行进程数最好变为 $k \cdot s2$，则总共需要的处理时间为 $O(t/(w \cdot s2) \cdot m /(k \cdot s1) \cdot \log_{w \cdot s2} n/(k \cdot s1))$；但如果此时用人地互动并行时空 3、5 修正模型，则总共需要的处理时间仍为 $O(t/w \cdot m/k \cdot \log_w n/k)$；如果此时用索引后的人地互动传统时空 3、5 修正模型，则总共需要的处理时间仍为 $O(t/w \cdot m \cdot \log_w n)$；如果此时用未索引的人地互动传统时空 3、5 修正模型，总共需要的处理时间仍为 $O(t \cdot m \cdot n)$。

改进后的人地互动并行时空 3、5 修正模型不提供容错机制。而改进后的人地互动大数据时空 3、5 修正模型因为存在多级存储空间即处理空间、备用空间、潜在空间，可以实现存储容错和计算容错。

存储发生故障或错误的概率与人地互动数据量成正比，假设单位人地互动数据量存储出错的概率为 $p1$，则全部人地互动大数据出错的概率为 $O(p1 \cdot n)$；假设单位人地互动大数据冗余存储花费的时间为 $t1$ 和单位人地互动大数据恢复花费的时间为 $t2$，则全部人地互动大数据冗余存储和恢复花费的时间为 $O(n/(k \cdot s1) \cdot t1 + t/(w \cdot s2) \cdot p1 \cdot n/(k \cdot s1) \cdot t2)$，所以改进后的人地互动大数据时空 3、5 修正模型总共需要的处理时间为 $O(t/(w \cdot s2) \cdot m/(k \cdot s1) \cdot \log_{w \cdot s2} n/(k \cdot s1)) + O(n/(k \cdot s1) \cdot t1 + t/(w \cdot s2) \cdot p1 \cdot n/$

$(k \cdot s1) \cdot t2)$，因为一般情况下 $t1$ 和 $t2$ 相对于处理时间而言非常小，可以近似认为总处理时间不变，仍然为 $O(t/(w \cdot s2) \cdot m /(k \cdot s1) \cdot \log_{w \cdot s2} n/(k \cdot s1))$，而此时改进后的人地互动大数据时空 3、5 修正模型存储出错的概率可以接近零；如果是改进后的人地互动传统时空 3、5 修正模型或改进后的人地互动并行时空 3、5 修正模型，处理总时间不变，但有 $O(p1 \cdot n)$ 的概率下人地互动大数据无法恢复。

　　计算发生故障或错误的概率与进程数成正比，假设每个进程出错的概率为 $p2$，则全部进程出错的概率为 $O(p2 \cdot (k \cdot s1))$；假设每个进程中间结果存储花费的时间为 $t3$ 和每个进程中间结果恢复花费的时间为 $t4$，则全部进程中间结果存储和恢复花费的时间为 $O(n/(k \cdot s1) \cdot (k \cdot s1) \cdot t3/(k \cdot s1) + t/(w \cdot s2) \cdot n/(k \cdot s1) \cdot p2 \cdot (k \cdot s1) \cdot t4/(k \cdot s1))$，所以改进后的人地互动大数据时空 3、5 修正模型总共需要的处理时间为 $O(t/(w \cdot s2) \cdot m /(k \cdot s1) \cdot \log_{w \cdot s2} n/(k \cdot s1)) + O(n/(k \cdot s1) \cdot t3 + t/(w \cdot s2) \cdot p2 \cdot n/(k \cdot s1) \cdot t4)$，因为 $t3$ 和 $t4$ 相对于处理时间而言非常小，可以近似认为总处理时间不变，仍然为 $O(t/(w \cdot s2) \cdot m /(k \cdot s1) \cdot \log_{w \cdot s2} n/(k \cdot s1))$，而此时改进后的人地互动大数据时空 3、5 修正模型计算出错的概率可以接近零；但如果是改进后的人地互动并行时空 3、5 修正模型，有 $O(p2 \cdot k)$ 的概率下所有进程需要重新开始，则总处理时间变为 $O(t/w \cdot (1+p2 \cdot k) \cdot m / k \cdot \log_w n/k)$；如果是改进后的人地互动传统时空 3、5 修正模型，有 $O(p2)$ 的概率下进程需要重新开始，则总处理时间变为 $O(t \cdot (1+p2) \cdot m \cdot \log_w n)$。

2.3　人地互动复合时空数据模型的大数据升级

2.3.1　人地互动串行复合时空数据模型

　　人地互动串行复合时空数据模型中的 A、B、C 等既可以代表矢量，也可以代表标量，还可以代表对象，如图 2.9 所示。

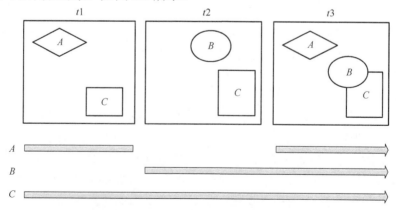

图 2.9　人地互动串行复合时空数据模型

2.3.2   划分人地互动复合时空数据模型

与快照模型、修正模型不同的是，$t3$ 中的 A 包含有 $t1$ 和 $t2$ 中 A 的历史，同理，$t3$ 中的所有其他的内容都包含有其前面所有时间点的历史。也就是说，人地互动复合时空数据模型能在某一个时间点上将其历史叠加到该时间点的快照上。此时人地互动复合时空数据模型的该时间点的空间内容将比人地互动时空修正模型和人地互动快照时空数据模型的该时间点的空间内容具有更多的分类。例如，在时间点 $t1$，空间内容可以分为 $s1$、$s2$；假如在 $t2$，$s1$ 某部分发生了变化，则 $t2$ 空间内容必须分为 $s11$、$s12$、$s2$；再假如在 $t3$，$s12$ 某部分发生了变化，则 $t3$ 的空间内容必须分为 $s11$、$s121$、$s122$、$s2$。但人地互动复合时空数据模型的好处是只需要保存最近一个时间点的复合快照，因为该快照中已经包含了所有分类的空间内容的历史。

2.3.3   人地互动索引复合时空数据模型

人地互动传统复合时空数据模型的索引方式已经给出，将不同划分中的不同组员放到索引树的不同节点。人地互动索引复合时空数据模型如图 2.10 所示。

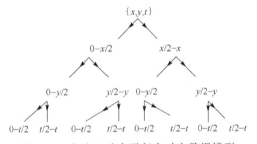

图 2.10   人地互动索引复合时空数据模型

本书给出其计算复杂性，索引后人地互动复合时空数据模型的处理时间可以从 $O(n)$ 加速为 $O(\log_2 n)$，如果索引树有 w 个分支，则时间缩短为 $O(\log_w n)$，其中，n 为划分的个数。

2.3.4   人地互动并行复合时空数据模型

本书给出人地互动并行复合时空数据模型的索引树，如图 2.11 所示。

此时对并行复合人地互动时空数据模型中所有对象的处理时间是 $O(\log_w n/k)$，其中，k 为并行进程的个数。在这个处理的过程中，$k-1$ 个进程的处理时间是 $O(1)$，因为这些进程一旦判断所需要处理的人地互动对象不在自己的范围之内，将结束处理；只有 1 个进程的处理时间是 $O(\log_w n/k)$，因此总的处理时间还是 $O(\log_w n/k)$。

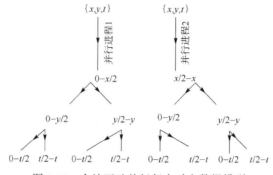

图 2.11　人地互动并行复合时空数据模型

2.3.5　人地互动多用户复合时空数据模型

上述情况是只有一个用户使用传统复合人地互动时空数据模型或者并行复合人地互动时空数据模型的情况。如果用户远远大于 1 个，而是 m 个，此时如果用未索引的传统复合人地互动时空数据模型，对每个用户的需求处理都是相同的，每个用户所需的处理时间都是 $O(n)$，所以总共需要的处理时间为 $O(m \cdot n)$；此时如果用索引后的传统复合人地互动时空数据模型，对每个用户的需求处理都是相同的，每个用户需要的处理时间都为 $O(\log_w n)$，此时总共需要的时间为 $O(m \cdot \log_w n)$；但如果此时用人地互动并行时空数据模型，则因为 k 个并行复合人地互动时空数据模型的划分可以同时接收用户的处理请求，所以总共需要的处理时间为 $O(m/k \cdot \log_w n/k)$。

可见，人地互动复合时空数据模型的计算复杂度与人地互动立方体时空数据模型及人地互动快照时空数据模型相当。但其存储空间与人地互动时空修正模型相当，因为时间历史上重复的空间内容在人地互动复合时空数据模型中不重复存储。

2.3.6　人地互动大数据复合时空数据模型

人地互动大数据复合时空数据模型可以根据人地互动大数据环境中资源状况和用户应用需求来改变，从而使得模型的人地互动大数据存储处理效率更高，能更有效地适应人地互动大数据环境，满足用户和应用的需要。例如，如果经过一段时间后，人地互动数据量 n 的增长或/和用户量 m 的增长或/和计算资源的增长，使得索引分支数最好变为 $w \cdot s1$、并行进程数最好变为 $k \cdot s2$，则总共需要的处理时间为 $O(m/(k \cdot s1) \cdot \log_{w \cdot s2} n/(k \cdot s1))$；但如果此时用人地互动并行复合时空数据模型，则总共需要的处理时间仍为 $O(m/k \cdot \log_w n/k)$；如果此时用索引后的人地互动传统复合时空数据模型，则总共需要的处理时间仍为 $O(m \cdot \log_w n)$；如果此时用未索引的人地互动传统复合时空数据模型，总共需要的处理时间仍为 $O(m \cdot n)$。

人地互动并行复合时空数据模型不提供容错机制。而人地互动大数据复合时空数据模型因为存在多级存储空间即处理空间、备用空间、潜在空间，可以实现存储容错和计算容错。

存储发生故障或错误的概率与人地互动数据量成正比，假设单位人地互动数据量存储出错的概率为 $p1$，则全部人地互动大数据出错的概率为 $O(p1 \cdot n)$；假设单位人地互动大数据冗余存储花费的时间为 $t1$ 和单位人地互动大数据恢复花费的时间为 $t2$，则全部人地互动大数据冗余存储和恢复花费的时间为 $O(n/(k \cdot s1) \cdot t1 + p1 \cdot n/(k \cdot s1) \cdot t2)$，所以人地互动大数据复合时空数据模型总共需要的处理时间为 $O(m/(k \cdot s1) \cdot \log_{w \cdot s2} n/(k \cdot s1)) + O(n/(k \cdot s1) \cdot t1 + p1 \cdot n/(k \cdot s1) \cdot t2)$，因为一般情况下 $t1$ 和 $t2$ 相对于处理时间而言非常小，可以近似认为总处理时间不变，仍然为 $O(m/(k \cdot s1) \cdot \log_{w \cdot s2} n/(k \cdot s1))$，而此时人地互动大数据复合时空数据模型存储出错的概率可以接近零；如果是人地互动传统复合时空数据模型或人地互动并行复合时空数据模型，处理总时间不变，但有 $O(p1 \cdot n)$ 的概率下人地互动大数据无法恢复。

计算发生故障或错误的概率与进程数成正比，假设每个进程出错的概率为 $p2$，则全部进程出错的概率为 $O(p2 \cdot (k \cdot s1))$；假设每个进程中间结果存储花费的时间为 $t3$ 和每个进程中间结果恢复花费的时间为 $t4$，则全部进程中间结果存储和恢复花费的时间为 $O(n/(k \cdot s1) \cdot (k \cdot s1) \cdot t3/(k \cdot s1) + n/(k \cdot s1) \cdot p2 \cdot (k \cdot s1) \cdot t4/(k \cdot s1))$，所以人地互动大数据复合时空数据模型总共需要的处理时间为 $O(m/(k \cdot s1) \cdot \log_{w \cdot s2} n/(k \cdot s1)) + O(n/(k \cdot s1) \cdot t3 + p2 \cdot n/(k \cdot s1) \cdot t4)$，因为 $t3$ 和 $t4$ 相对于处理时间而言非常小，可以近似认为总处理时间不变，仍然为 $O(m/(k \cdot s1) \cdot \log_{w \cdot s2} n/(k \cdot s1))$，而此时人地互动大数据复合时空数据模型计算出错的概率可以接近零；但如果是人地互动并行复合时空数据模型，有 $O(p2 \cdot k)$ 的概率下所有进程需要重新开始，则总处理时间变为 $O((1 + p2 \cdot k) \cdot m/k \cdot \log_w n/k)$；如果是人地互动传统复合时空数据模型，有 $O(p2)$ 的概率下进程需要重新开始，则总处理时间变为 $O((1 + p2) \cdot m \cdot \log_w n)$。

2.4　人地互动时空数据模型划分方式的比较

划分方式的不同会导致索引方式、并行方式、人地互动大数据方式的不同。

对人地互动立方体时空数据模型进行划分时，习惯上先根据空间进行划分，再根据时间进行划分。因为通常以空间上的二维作为时空立方体的 x 轴和 y 轴，以时间作为时空立方体的 z 轴。但反过来，先进行时间划分，再进行空间划分同样不影响使用效果。因为空间在每个时间点上的增长方式相同。但索引树或并行划分或人地互动大数据划分中的有些节点出现空值时，说明该空间在此时间没有内容，也可以理解为此时间在此空间没有内容。

对人地互动快照时空数据模型和修正模型进行划分时，习惯先进行时间划分，再进行空间划分。因为人地互动快照时空数据模型中的各个快照和人地互动时空修正模型中的各个变化都是先基于时间点的，所以习惯于先考虑时间。但反过来，先根据空间进行划分，再根据时间进行划分同样不影响使用效果。因为时间在空间的每个部分的作用强度相同。但索引树或并行划分或人地互动大数据划分中的有些节点出现空值时，说明该空间在此时间没有变化，也可以理解为此时间在此空间没有变化。

对人地互动复合时空数据模型进行划分时，必须先进行空间的划分[19]，因为所有的时间点的空间内容的历史都是基于空间位置进行记录的，在空间划分的基础上，每个空间内容可以根据其时间历史进行划分。在时间的划分[20]中会有很多空值，因为很多空间内容的历史是不连续的，也就是说，在有些时间点，某些空间没有内容。

2.5 人地互动时空数据模型升级前后的性能比较

各类人地互动时空数据模型特性比较如表 2.1 所示；不考虑进程出错时各类人地互动时空数据模型升级前后计算复杂度比较如表 2.2 所示；考虑进程出错时各类人地互动时空数据模型升级前后计算复杂度比较如表 2.3 所示；各类人地互动时空数据模型升级前后存储复杂度比较如表 2.4 所示；各类人地互动时空数据模型升级前后存储及计算容错性比较如表 2.5 所示。

表 2.1 各类人地互动时空数据模型特性比较表

人地互动时空数据模型类型	强势维度	能表达的人地互动数据类型	可升级为何种人地互动大数据时空模型	如何表达人地互动时空数据的特征	索引的默认顺序
人地互动立方体时空数据模型	时间和空间并列	标量、矢量、对象	人地互动大数据立方体时空数据模型	立方体中的各像素点、点线面体或对象可以赋予特征值	先时间或先空间
人地互动快照时空数据模型	时间	标量、矢量、对象	人地互动大数据快照时空数据模型	快照中的各像素点、点线面体或对象可以赋予特征值	先时间或先空间
人地互动时空始末修正模型	时间	标量、矢量、对象	人地互动大数据时空始末修正模型	变化中的各像素点、点线面体或对象可以赋予特征值	先时间或先空间
人地互动时空邻接修正模型	时间	标量、矢量、对象	人地互动大数据时空邻接修正模型	变化中的各像素点、点线面体或对象可以赋予特征值	先时间或先空间
人地互动复合时空数据模型	空间	标量、矢量、对象	人地互动大数据复合时空数据模型	复合快照中的各像素点、点线面体或对象可以赋予特征值	先空间后时间

表 2.2　不考虑进程出错时各类人地互动时空数据模型升级前后计算复杂度比较表

人地互动时空数据模型类型	未索引时的计算复杂度（单用户）	索引后的计算复杂度（单用户）	并行后的计算复杂度（单用户）	未索引时的计算复杂度（多用户）	索引后的计算复杂度（多用户）	并行后的计算复杂度（多用户）	云化后的计算复杂度（多用户）
人地互动立方体时空数据模型	$O(n)$	$O(\log_w n)$	$O(\log_w n/k)$	$O(m \cdot n)$	$O(m \cdot \log_w n)$	$O(m/k \cdot \log_w n/k)$	$O(m/(k \cdot s1) \cdot \log_{w \cdot s2} n/(k \cdot s1))$
人地互动快照时空数据模型	$O(n)$	$O(\log_w n)$	$O(\log_w n/k)$	$O(m \cdot n)$	$O(m \cdot \log_w n)$	$O(m/k \cdot \log_w n/k)$	$O(m/(k \cdot s1) \cdot \log_{w \cdot s2} n/(k \cdot s1))$
改进前人地互动时空始末修正模型	$O(2 \cdot n)$	$O(2 \cdot \log_w n)$	$O(2 \cdot \log_w n/k)$	$O(2 \cdot m \cdot n)$	$O(2 \cdot m \cdot \log_w n/k)$	$O(2 \cdot m/k \cdot \log_w n/k)$	$O(2 \cdot m/(k \cdot s1) \cdot \log_{w \cdot s2} n/(k \cdot s1))$
改进后人地互动时空始末修正模型	$O(n)$	$O(\log_w n)$	$O(\log_w n/k)$	$O(m \cdot n)$	$O(m \cdot \log_w n/k)$	$O(m/k \cdot \log_w n/k)$	$O(m/(k \cdot s1) \cdot \log_{w \cdot s2} n/(k \cdot s1))$
改进前人地互动时空邻接修正模型	$O(t \cdot n)$	$O(t \cdot \log_w n)$	$O(t \cdot \log_w n/k)$	$O(t \cdot m \cdot n)$	$O(t \cdot m \cdot \log_w n/k)$	$O(t \cdot m/k \cdot \log_w n/k)$	$O(t \cdot m/(k \cdot s1) \cdot \log_{w \cdot s2} n/(k \cdot s1))$
改进后人地互动时空邻接修正模型	$O(t \cdot n)$	$O(t/w \cdot \log_w n)$	$O(t/w \cdot \log_w n/k)$	$O(t/w \cdot m \cdot n)$	$O(t/w \cdot m \cdot \log_w n/k)$	$O(t/w \cdot m/k \cdot \log_w n/k)$	$O(t/w \cdot m/k \cdot \log_w n/k)$
人地互动复合时空数据模型	$O(n)$	$O(\log_w n)$	$O(\log_w n/k)$	$O(m \cdot n)$	$O(m \cdot \log_w n)$	$O(m/k \cdot \log_w n/k)$	$O(m/(k \cdot s1) \cdot \log_{w \cdot s2} n/(k \cdot s1))$

注：n 为人地互动数据复杂度；w 为索引树的分支数；k 为并行划分数；m 为用户数。

表 2.3　考虑进程出错时各类人地互动时空数据模型升级前后计算复杂度比较表

人地互动时空数据模型类型	未索引时的计算复杂度（单用户）	索引后的计算复杂度（单用户）	并行后的计算复杂度（单用户）	未索引时的计算复杂度（多用户）	索引后的计算复杂度（多用户）	并行后的计算复杂度（多用户）	云化后的计算复杂度（多用户）
人地互动立方体时空数据模型	$O((1+p2) \cdot n)$	$O((1+p2) \cdot \log_w n)$	$O((1+p2) \cdot \log_w n/k)$	$O((1+p2) \cdot m \cdot n)$	$O((1+p2) \cdot m \cdot \log_w n)$	$O((1+p2 \cdot k) \cdot m/k \cdot \log_w n/k)$	$O(m/(k \cdot s1) \cdot \log_{w \cdot s2} n/(k \cdot s1))$

续表

未索引时的计算复杂度(单用户)	索引后的计算复杂度(单用户)	并行后的计算复杂度(单用户)	未索引时的计算复杂度(多用户)	索引后的计算复杂度(多用户)	并行后的计算复杂度(多用户)	云化后的计算复杂度(多用户)
	$O((1+p2)\cdot \log_w n)$	$O((1+p2)\cdot \log_w n/k)$	$O((1+p2)\cdot m\cdot n)$	$O((1+p2)\cdot m\cdot \log_w n/k)$	$O((1+p2\cdot k)\cdot m/k\cdot \log_w n/k)$	$O(m/(k\cdot s1)\cdot \log_{w\cdot s2} n/(k\cdot s1))$
$O((1+p2)\cdot 2\cdot n)$	$O((1+p2)\cdot 2\cdot \log_w n)$	$O((1+p2)\cdot 2\cdot \log_w n/k)$	$O((1+p2)\cdot 2\cdot m\cdot n)$	$O((1+p2)\cdot 2\cdot m\cdot \log_w n/k)$	$O((1+p2\cdot k)\cdot 2\cdot m/k\cdot \log_w n/k)$	$O(2\cdot m/(k\cdot s1)\cdot \log_{w\cdot s2} n/(k\cdot s1))$
$O((1+p2)\cdot n)$	$O((1+p2)\cdot \log_w n)$	$O((1+p2)\cdot \log_w n/k)$	$O((1+p2)\cdot m\cdot n)$	$O((1+p2)\cdot m\cdot \log_w n/k)$	$O((1+p2\cdot k)\cdot m/k\cdot \log_w n/k)$	$O(m/(k\cdot s1)\cdot \log_{w\cdot s2} n/(k\cdot s1))$
$O((1+p2)\cdot t\cdot n)$	$O((1+p2)\cdot t/\log_w n)$	$O((1+p2)\cdot t\cdot \log_w n/k)$	$O((1+p2)\cdot t\cdot m\cdot n)$	$O((1+p2)\cdot t\cdot m\cdot \log_w n/k)$	$O((1+p2\cdot k)\cdot t\cdot m/k\cdot \log_w n/k)$	$O(t\cdot m/(k\cdot s1)\cdot \log_{w\cdot s2} n/(k\cdot s1))$
$O((1+p2)\cdot t\cdot n)$	$O((1+p2)\cdot t/w\cdot \log_w n)$	$O((1+p2)\cdot t/w\cdot \log_w n/k)$	$O((1+p2)\cdot t/w\cdot m\cdot n)$	$O((1+p2)\cdot t/w\cdot m\cdot \log_w n/k)$	$O((1+p2\cdot k)\cdot t/w\cdot m/k\cdot \log_w n/k)$	$O(t/w\cdot m/k\cdot \log_w n/k)$
$O((1+p2)\cdot n)$	$O((1+p2)\cdot \log_w n)$	$O((1+p2)\cdot \log_w n/k)$	$O((1+p2)\cdot m\cdot n)$	$O((1+p2)\cdot m\cdot \log_w n)$	$O((1+p2\cdot k)\cdot m/k\cdot \log_w n/k)$	$O(m/(k\cdot s1)\cdot \log_{w\cdot s2} n/(k\cdot s1))$

表 2.4　各类人地互动时空数据模型升级前后存储复杂度比较表

人地互动时空数据模型类型	人地互动立方体时空数据模型	人地互动快照时空数据模型	人地互动时空始末修正模型	人地互动时空邻接修正模型	人地互动复合时空数据模型
存储复杂度(人地互动数据空间复杂度 s，人地互动数据时间复杂度 t)	$O(s\cdot t)$	$O(s\cdot t)$	$O(s)$	$O(s)$	$O(s)$

表 2.5　各类人地互动时空数据模型升级前后存储及计算容错性比较表

人地互动数据模型类型	传统的存储容错性	并行后的存储容错性	云化后的存储容错性	传统的计算容错性	并行后的计算容错性	云化后的计算容错性
人地互动时空	$O(p1\cdot n)$	$O(p1\cdot n)$	接近零	$O(p2)$	$O(p2\cdot k)$	接近零

续表

人地互动时空数据模型类型	传统的存储容错性	并行后的存储容错性	云化后的存储容错性	传统的计算容错性	并行后的计算容错性	云化后的计算容错性
人地互动快照时空数据模型	$O(p1 \cdot n)$	$O(p1 \cdot n)$	接近零	$O(p2)$	$O(p2 \cdot k)$	接近零
改进前人地互动时空始末修正模型	$O(p1 \cdot n)$	$O(p1 \cdot n)$	接近零	$O(p2)$	$O(p2 \cdot k)$	接近零
改进后人地互动时空始末修正模型	$O(p1 \cdot n)$	$O(p1 \cdot n)$	接近零	$O(p2)$	$O(p2 \cdot k)$	接近零
改进前人地互动时空邻接修正模型	$O(p1 \cdot n)$	$O(p1 \cdot n)$	接近零	$O(p2)$	$O(p2 \cdot k)$	接近零
改进后人地互动时空邻接修正模型	$O(p1 \cdot n)$	$O(p1 \cdot n)$	接近零	$O(p2)$	$O(p2 \cdot k)$	接近零
人地互动复合时空数据模型	$O(p1 \cdot n)$	$O(p1 \cdot n)$	接近零	$O(p2)$	$O(p2 \cdot k)$	接近零

第3章 人地互动大数据时空模型的组织

根据划分方式的不同,可以将人地互动大数据时空模型分为不同类型,具体采用何种人地互动大数据时空模型,应该根据具体要解决的人地互动时空问题来决定。人地互动大数据时空模型可以根据以下五种划分标准进行设计。

1) 根据划分的级数

(1) 单级划分:就是在利用人地互动大数据时空模型解决一个问题时,只对其中一种对象或关系进行划分,程序对象则根据该划分进行并行的处理。

(2) 多级划分:就是在一级划分的基础上进行划分。例如,在时间维上对应用对象进行划分后,再在每个划分上进行空间维的划分。在多级划分的基础上也可以对其中每个划分继续进行这种划分。多级划分可以分为多级单象划分和多级多象划分。多级单象划分的特点是划分所针对的人地互动对象类型没有变化;多级多象划分的特点是划分所针对的人地互动对象类型发生变化。

2) 根据划分的维数

(1) 单维划分:指只从时间维或空间维或本性维进行划分。

(2) 多维划分:指联合时间维、空间维、本性维中两个或三个进行划分。

3) 根据划分的相关性

(1) 独立划分:指对某种类型的划分不影响与其关联的其他类型对象。

(2) 关联划分:指对某种类型的划分影响与其关联的其他类型对象。

如果不加以特别说明,划分指的都是关联划分。

4) 根据划分的一致性

(1) 所谓同构,指每个对象在同一级别上仅属于一个划分。

(2) 所谓异构,指每个对象在同一级别上可以属于多个划分。

5) 根据划分的通信开销

(1) 松耦合划分:指不同划分之间的相关性小,云开销小。

(2) 紧耦合划分:指不同划分之间的相关性大,云开销大。

任何人地互动大数据时空模型都可以根据上述划分标准的组合进行设计,也可以只根据其中几个标准进行设计,而忽略其余标准。

3.1　划分的原则

时空性三维中存在着对象实体和关系实体，而关系实体是由对象实体所形成的。可以从时空性三维出发对人地互动对象集合或关系集合进行划分。而对象又包括应用对象、用户对象、程序对象，关系又包括时间关系、空间关系、本性关系、程序操作。所以可以从时间维或空间维或本性维出发对应用对象或用户对象或程序对象进行划分。

对不同类型的人地互动对象集合进行划分，效果是不同的。例如，基于空间区域对应用对象进行划分与基于空间区域对用户对象进行划分，其效果是不同的。

划分可以动态地归并、裂开、增加、删除。可以将每个划分看成一张图，每个图由点、线、面、体等组成，其中的点为对象、线为关系，而其中点线的集合又可以缩成一点，形成集合，所以划分是具有某一类关系的人地互动对象及其关系的集合。

具体采用何种人地互动大数据时空模型，要根据实际的人地互动时空问题对号入座。首先搞清楚要解决的问题，根据该人地互动问题本身所对应的人地互动时空数据模型的并行性进行划分，这种划分一般是针对应用对象或用户对象或者这两个对象的相关关系来设计的。因为进行划分时，不是杂乱无章地划分，而是根据问题有依据地划分，而这种划分的依据往往是关系。每个划分往往都是具备某种关系的人地互动对象集合。因为具备密切关系的人地互动对象集合之间的通信更多，所以放在同一个划分中，由同一个进程处理，比较有利于提高人地互动大数据的效率，同时物以类聚，也符合客观现实。特殊的关系是相同，如空间相同、时间相同、本性相同。一般的关系是范围，如时间在 2 年内、5 年内等；空间在 100km^2 内等；本性属于固体、液体、气体、动物、植物、环境部门、交通部门等。

一旦对应用对象和用户对象的划分确定后，则问题域[21]也被随之划分。再根据人地互动大数据环境的情况和各划分的粒度，进行恰当的合并和分割，从而形成对程序对象的划分。例如，如果解决某问题的人地互动时空数据模型的划分方案是从空间维划分应用对象，那么该人地互动问题域中所有与某划分中应用对象相关的其他对象和关系都被划分到该划分，由负责该划分的程序对象负责。程序对象是人地互动时空数据模型与人地互动大数据系统之间的接口。程序对象的划分对应着并行进程的划分方式，适合的划分使得人地互动大数据能够充分挖掘人地互动时空数据模型中的并行性，来加速对人地互动大数据的处理。

人地互动大数据时空模型中分解后的各部分人地互动大数据之间需要进行通信，才能维持其人地互动大数据的完整性，并协作解决人地互动时空问题。划分被并行的处理时，各划分之间可能需要进行通信，这些通信要通过程序对象所对应的并行进程之间的通信进行。一般而言，通信总是发生在同一维的并行进程之间以及上下级并行进程之间。同一级划分应用属于同一个通信域，而下级划分对应的进程应该属于其上级划分进程的通信域的子通信域。

多个时间段的人地互动大数据时空模型由单个时间段的人地互动大数据时空模型组成。单个时间段的人地互动大数据时空模型由人地互动并行时空数据模型组成。人地互动并行时空数据模型是人地互动大数据时空模型在不考虑不同存储空间差异的情况下某个时间段的快照。

选择人地互动大数据时空模型包括两步：第一步，确定人地互动大数据时空模型在每个时间段采用哪些人地互动并行时空数据模型；第二步，确定当前人地互动大数据环境下、当前应用问题下，用户满意的人地互动并行时空数据模型的并行划分方式和粒度参数。

3.2 人地互动单级一维并行时空数据模型

单级是指只进行一级划分，且不再对其划分继续进行划分。一维是指只在时间维、空间维、本性维中的某一维进行划分。

值得注意的是：基于各一维对程序对象进行划分，是基于各一维对应用对象的划分或基于各一维对用户对象的划分，并结合人地互动大数据环境而得到的。

其中，基于时间维对应用人地互动对象集合进行划分如图 3.1 所示；基于时间维对用户人地互动对象集合进行划分如图 3.2 所示；基于时间维对程序人地互动对象集合进行划分如图 3.3 所示；基于空间维对应用人地互动对象集合进行划分如图 3.4 所示；基于空间维对用户人地互动对象集合进行划分如图 3.5 所示；基于空间维对程序人地互动对象集合进行划分如图 3.6 所示；基于本性维对应用人地互动对象集合进行划分如图 3.7 所示；基于本性维对用户人地互动对象集合进行划分如图 3.8 所示；基于本性维对程序人地互动对象集合进行划分如图 3.9 所示。

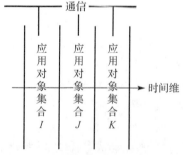

图 3.1 基于时间维对应用人地
互动对象集合进行划分

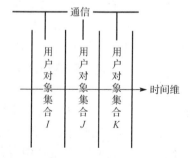

图 3.2 基于时间维对用户人地
互动对象集合进行划分

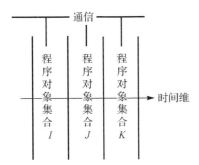

图 3.3　基于时间维对程序人地
互动对象集合进行划分

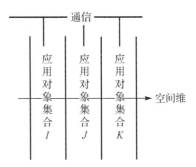

图 3.4　基于空间维对应用人地
互动对象集合进行划分

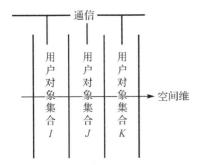

图 3.5　基于空间维对用户人地
互动对象集合进行划分

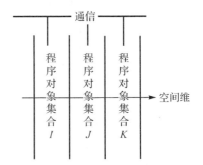

图 3.6　基于空间维对程序人地
互动对象集合进行划分

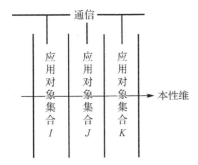

图 3.7　基于本性维对应用人地
互动对象集合进行划分

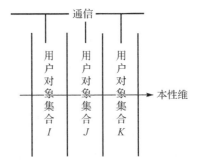

图 3.8　基于本性维对用户人地
互动对象集合进行划分

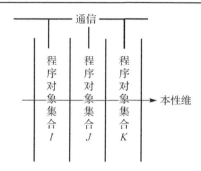

图 3.9　基于本性维对程序人地互动对象集合进行划分

人地互动单级一维并行时空数据模型的数学公式为

Model=Parallel_communication（Parallel_component$S$（Part_1dimension_type

（Object_collection）））

其中，Object_collection 为人地互动对象的集合；Part_1dimension_type 为从某一维根据某个类型的人地互动对象对人地互动对象集合的一个划分；Parallel_component$S$ 为多个并行的对各人地互动大数据划分进行处理的服务模块；Parallel_communication 为多个服务模块之间用于协同地完整解决人地互动时空问题时的通信。

Part_1dimension_type∈Collection_Part_1dimension_type={Part_

spatial-dimension_application-type, Part_spatial-dimension_

user-type , Part_spatial-dimension_watcher-type, Part_temporal-

dimension_application-type, Part_temporal-dimension_user-type,

Part_temporal-dimension_watcher-type , Part_natural-dimension_

application-type, Part_natural-dimension_user-type, Part_natural-

dimension_watcher-type}

假设：单个计算节点的计算能力为 Processor-cpu_capability（Step/Second）；单个计算节点的存储能力为 Processor-memory_capability（Byte）；计算节点之间的通信开销为 Communication_time/Byte（Second/Byte）；计算节点的个数为 Processor_number。

并假设：人地互动问题的规模为 Question_scale（Byte）；问题的不同维上最细粒度为 Question_1dimension_grain（Byte）；不同维上最细粒度之间的相关人地互动大数据为 Communication_1dimension_grain（Byte）。划分间的相关边界为 Parts-relation_1dimension_percent（划分总粒度数），返回划分边界粒度数。处理问题的时间复杂度为 Component（人地互动数据量 Byte）=Processor-cpu_capability（Step/Second）·算法复杂度 f（Step/Byte）·人地互动数据量 Byte（if（人地互动数据量 Byte/Processor-memory_ capability(Byte))>1 then·内外存交换延迟 else·1），返回消耗时间 Second。S(Parallel_component)为服务模块的个数。

其中，

Parts-relation_3Dspatial-dimension_percent（划分总粒度数）=（划分总粒度数）$^{2/3}·6$

Parts-relation_2Dspatial-dimension_percent（划分总粒度数）=（划分总粒度数）$^{1/2}·4$

Parts-relation_temporal-dimension_percent（划分总粒度数）=划分总粒度数/每个划

分时间中包含的时点数·2

Parts-relation_natural-dimension_percent（划分总粒度数）=划分总粒度数

Component(Byte)= Parallel_component(Byte)

则该人地互动问题在该人地互动大数据环境中求解的最佳并行计算模型的参数公式分析如下。

如果追求最高并行加速度[22]，则为

```
Parallel_speedup_Max=0;
For Part_1dimension_type ∈Collection_Part_1dimension_type
For(S(Parallel_component)=1;S(Parallel_component)<=Processor_number;
    S(Parallel_component)++){
Parallel_speedup=Component(Question_scale)/ (Component (Question_
scale/ S(Parallel_component))+ Communication_1dimension_grain
(Parts-relation_1dimension_percent(Question_scale/S(Parallel_
component)/ Question_grain_1dimension)))
    If  Parallel_speedup>Parallel_speedup_Max{
    Best_Part_1dimension_type= Part_1dimension_type;
    Best_S(Parallel_component)= S(Parallel_component);
    }
}
Output(Best_Part_1dimension_type, Best_S(Parallel_component))
```

从而得到当前人地互动大数据环境下，当前应用问题的并行加速度最佳的人地互动单级一维并行时空数据模型的并行划分方式和粒度参数。

如果追求最高并行效率[23]，则为

```
Parallel_speedup_Max=0;
For Part_1dimension_type ∈Collection_Part_1dimension_type
For(S(Parallel_component)=1;S(Parallel_component)<=Processor_
    number; S(Parallel_component)++){
```

```
Parallel_efficiency=(Component(Question_scale)/ (Component (Question_
    scale/ S(Parallel_component))+Communication_1dimension_grain
    (Parts-relation_1dimension_percent(Question_scale/S(Parallel_
    component)/ Question_grain_1dimension) )))/ S(Parallel_component)
    If  Parallel_ efficiency>Parallel_efficiency_Max{
    Best_Part_1dimension_type= Part_1dimension_type;
    Best_S(Parallel_component)= S(Parallel_component);
    }
}
Output(Best_Part_1dimension_type, Best_S(Parallel_component))
```

从而得到当前人地互动大数据环境下，当前应用问题的并行效率最佳的人地互动单级一维并行时空数据模型的并行划分方式和粒度参数。

3.3　人地互动单级二维并行时空数据模型

单级是指只进行一级划分，且不再对其划分继续进行划分。二维是指综合时间维、空间维、本性维中的某二维进行划分。

值得注意的是：基于各二维对程序对象进行划分，是人地互动大数据环境结合基于各二维对应用对象的划分或基于各二维对用户对象的划分而得到的。

其中，基于本性维和时间维对人地互动对象集合进行划分如图 3.10 所示；基于空间维和时间维对人地互动对象集合进行划分如图 3.11 所示；基于空间维和本性维对人地互动对象集合进行划分如图 3.12 所示。

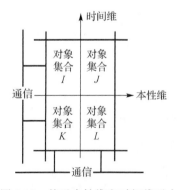

图 3.10　基于本性维和时间维对人地互动对象集合进行划分

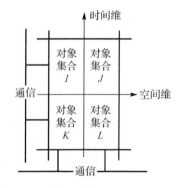

图 3.11　基于空间维和时间维对人地互动对象集合进行划分

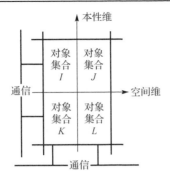

图 3.12　基于空间维和本性维对人地互动对象集合进行划分

人地互动单级二维并行时空数据模型的数学公式为

Model=Parallel_communication（Parallel_component$S$（Part_2dimension_type（Object_

collection）））

其中，Object_collection 为人地互动对象的集合；Part_2dimension_type 为综合某二维根据某个类型的人地互动对象对人地互动对象集合的一个划分；Parallel_component$S$ 为多个并行的对各人地互动大数据划分进行处理的服务模块；Parallel_communication 为多个服务模块之间用于协同地完整解决人地互动时空问题时的通信。

Part_2dimension_type ∈ {Part_spatial-temporal-dimension_application-

type, Part_spatial-temporal-dimension_user-type , Part_spatial-

temporal-dimension_watcher-type , Part_temporal-natural-

dimension_application- type, Part_temporal-natural-dimension_

user-type , Part_temporal-natural-dimension_watcher-type ,

Part_natural-spatial-dimension_application-type, Part_natural-

spatial-dimension_user-type , Part_natural-spatial-dimension_

watcher-type }

假设：人地互动问题的规模为 Question_scale（Byte）；问题的不同的综合二维上最细粒度为 Question_2dimension_grain（Byte）；不同维上最细粒度之间的相关人地互动大数据为 Communication_2dimension_grain（Byte）。划分间的相关边界为 Parts-relation_2dimension _percent（划分总粒度数），返回划分边界粒度数。处理问题的时间复杂度为 Component（人地互动数据量 Byte）＝ Processor-cpu_capability（Step/Second）·算法复杂度 f（Step/Byte）·人地互动数据量 Byte（if（人地互动数据量 Byte/Processor-memory_capability（Byte））>1 then · 内外存交换延迟 else · 1），返回消耗时间 Second。S（Parallel_component）为服务模块的个数。

其中,

Parts-relation_3Dspatial-temporal-dimension_percent(划分总粒度数)

= Parts-relation_3Dspatial-dimension_percent(Parts-relation_temporal-dimension_percent(划分总粒度数))

Parts-relation_2Dspatial-temporal-dimension_percent(划分总粒度数)

= Parts-relation_2Dspatial-dimension_percent(Parts-relation_temporal-dimension_percent(划分总粒度数))

Parts-relation_3Dspatial-natural-dimension_percent(划分总粒度数)

= Parts-relation_3Dspatial-dimension_percent(划分总粒度数)

Parts-relation_2Dspatial-natural-dimension_percent(划分总粒度数)

= Parts-relation_2Dspatial-dimension_percent(划分总粒度数)

Parts-relation_temporal-natural-dimension_percent(划分总粒度数)

= Parts-relation_temporal-dimension_percent(划分总粒度数)

Parts-relation_temporal-natural-dimension_percent(划分总粒度数)

= Parts-relation_temporal-dimension_percent(划分总粒度数)

Component(Byte)= Parallel_component(Byte)

则该人地互动问题在该人地互动大数据环境中求解的最佳并行计算模型的参数公式分析如下。

如果追求最高并行加速度,则为

```
Parallel_speedup_Max=0;
For Part_2dimension_type ∈Collection_Part_2dimension_type
For(S(Parallel_component)=1;S(Parallel_component)<=Processor_
    number; S(Parallel_component)++){
Parallel_speedup=Component(Question_scale)/ (Component (Question_
    scale/ S(Parallel_component))+ Communication_2dimension_
    grain (Parts-relation_ 2dimension_percent(Question_scale/
    S(Parallel_component)/ Question_grain_2dimension) ))
 If  Parallel_speedup>Parallel_speedup_Max{
Best_Part_2dimension_type= Part_2dimension_type;
Best_S(Parallel_component)= S(Parallel_component);
    }
}
Output(Best_Part_2dimension_type, Best_S(Parallel_component))
```

从而得到当前人地互动大数据环境下,当前应用问题的并行加速度最佳的人地互动单级二维并行时空数据模型的并行划分方式和粒度参数。

如果追求最高并行效率，则为

```
Parallel_speedup_Max=0;
For Part_2dimension_type ∈Collection_Part_2dimension_type
For(S(Parallel_component)=1;S(Parallel_component)<=Processor_
    number; S(Parallel_component)++){
Parallel_efficiency=(Component(Question_scale)/ (Component (Question_
    scale/ S(Parallel_component))+ Communication_2dimension_grain
    (Parts-relation_2dimension_percent(Question_scale/S(Parallel_
    component)/Question_grain_2dimension))))/ S(Parallel_component)
    If  Parallel_ efficiency〉Parallel_efficiency_Max{
    Best_Part_2dimension_type= Part_2dimension_type;
    Best_S(Parallel_component)= S(Parallel_component);
    }
}
Output(Best_Part_2dimension_type, Best_S(Parallel_component))
```

从而得到当前人地互动大数据环境下，当前应用问题的并行效率最佳的人地互动单级二维并行时空数据模型的并行划分方式和粒度参数。

3.4　人地互动单级三维并行时空数据模型

单级是指只进行一级划分，且不再对其划分继续进行划分。三维是指综合时间维、空间维、本性维进行划分。

值得注意的是：基于各三维对程序对象进行划分，是基于各三维对应用对象的划分或基于各三维对用户对象的划分，并结合人地互动大数据环境而得到的。

基于空间维、本性维、时间维对人地互动对象集合进行划分如图 3.13 所示。

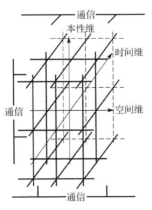

图 3.13　基于空间维、本性维、时间维对人地互动对象集合进行划分

人地互动单级三维并行时空数据模型的数学公式为

Model=Parallel_communication(Parallel_component*S*(Part_3dimension_type(Object_collection)))

其中，Object_collection 为人地互动对象的集合；Part_3dimension_type 为综合某三维根据某个类型的人地互动对象对人地互动对象集合的一个划分；Parallel_component*S* 为多个并行的对各人地互动大数据划分进行处理的服务模块；Parallel_communication 为多个服务模块之间用于协同地完整解决人地互动时空问题时的通信。

Part_3dimension_type ∈ {Part_spatial-temporal-natural-dimension_application-type, Part_spatial-temporal-natural-dimension_user-type, Part_spatial-temporal-natural-dimension_watcher-type}

假设：人地互动问题的规模为 Question_scale(Byte)；问题的综合三维上最细粒度为 Question_3dimension_grain(Byte)；不同维上最细粒度之间的相关人地互动大数据为 Communication_3dimension_grain(Byte)。划分间的相关边界为 Parts-relation_3dimension_percent(划分总粒度数)，返回划分边界粒度数。处理问题的时间复杂度为 Component(人地互动数据量 Byte)=Processor-cpu_capability(Step/Second)·算法复杂度 *f*(Step/Byte)·人地互动数据量 Byte(if(人地互动数据量 Byte/Processor-memory_capability(Byte))>1 then·内外存交换延迟 else·1)，返回消耗时间 Second。*S*(Parallel_component)为服务模块的个数。

其中，

Parts-relation_3Dspatial-temporal-natural-dimension_percent(划分总粒度数)

= Parts-relation_3Dspatial-dimension_percent(Parts-relation_temporal-dimension_percent(划分总粒度数))

Parts-relation_2Dspatial-temporal-natural-dimension_percent(划分总粒度数)

= Parts-relation_2Dspatial-dimension_percent(Parts-relation_temporal-dimension_percent(划分总粒度数))

Component(Byte)= Parallel_component(Byte)

则该人地互动问题在该人地互动大数据环境中求解的最佳并行计算模型的参数公式分析如下。

如果追求最高并行加速度，则为

```
Parallel_speedup_Max=0;
```

```
For Part_3dimension_type∈Collection_Part_3dimension_type
For(S(Parallel_component)=1;S(Parallel_component)<=Processor_
    number; S(Parallel_component)++){
Parallel_speedup=Component(Question_scale)/ (Component (Question_
    scale/ S(Parallel_component))+ Communication_3dimension_
    grain (Parts-relation_3dimension_percent(Question_scale/
    S(Parallel_component)/ Question_grain_3dimension) ))
    If Parallel_speedup> Parallel_speedup_Max{
    Best_Part_3dimension_type= Part_3dimension_type;
    Best_S(Parallel_component)= S(Parallel_component);
    }
}
Output(Best_Part_3dimension_type, Best_S(Parallel_component))
```

从而得到当前人地互动大数据环境下，当前应用问题的并行加速度最佳的人地互动
单级三维并行时空数据模型的并行划分方式和粒度参数。

如果追求最高并行效率，则为

```
Parallel_speedup_Max=0;
For Part_3dimension_type ∈Collection_Part_3dimension_type
For(S(Parallel_component)=1;S(Parallel_component)<=Processor_
    number; S(Parallel_component)++){
Parallel_efficiency=(Component(Question_scale)/ (Component
    (Question_scale/ S(Parallel_component))+ Communication_
    3dimension_grain (Parts-relation_3dimension_percent(Question_
    scale/S(Parallel_component)/ Question_grain_3dimension) )))/
    S(Parallel_component)
    If Parallel_ efficiency>Parallel_efficiency_Max{
    Best_Part_3dimension_type= Part_3dimension_type;
    Best_S(Parallel_component)= S(Parallel_component);
    }
}
Output(Best_Part_3dimension_type, Best_S(Parallel_component))
```

从而得到当前人地互动大数据环境下，当前应用问题的并行效率最佳的人地互动单
级三维并行时空数据模型的并行划分方式和粒度参数。

3.5　人地互动多级并行时空数据模型

上面介绍的人地互动单级一维并行时空数据模型、人地互动单级二维并行时空数据模型、人地互动单级三维并行时空数据模型都属于单级人地互动并行时空数据模型。单级是指只进行一级划分，且不再对其划分继续进行划分。

多级则指可以对其划分继续进行划分。如果对单级划分继续划分，则为二级划分，其相应的人地互动并行时空数据模型为人地互动二级并行时空数据模型；如果对二级划分继续划分，则为三级划分，其相应的人地互动并行时空数据模型为人地互动三级并行时空数据模型；以此类推。人地互动多级并行时空数据模型中的每一级的划分方式和单级人地互动并行时空数据模型相同。可以在上述单级时空模型的基础上进行多级划分，但其图非常复杂，所以难以在平面上画出，但根据人地互动多级并行时空数据模型的定义很容易想象。

人地互动多级并行时空数据模型可以分为多级单象人地互动并行时空数据模型和多级多象人地互动并行时空数据模型。多级单象人地互动并行时空数据模型中各级划分只能针对同一类对象，而多级多象人地互动并行时空数据模型中各级划分可以针对不同的人地互动对象。例如，在人地互动二级并行时空数据模型中，第一级从时间维对应用对象进行划分，第二级对每个划分中的应用人地互动对象集合根据空间维进行划分，那么这种划分对应的是多级单象人地互动并行时空数据模型；如果第二级对每个划分中的应用人地互动对象集合所相关的用户对象进行划分，则这种划分对应的是多级多象人地互动并行时空数据模型。

上述多级划分如图 3.14 所示。

上面是一个人地互动多级并行时空数据模型的例子，其中，程序对象的划分只能是索引的形式，因为程序对象无法对应用对象和用户对象的划分进行改变，只能通过索引的方法重新聚类或分割。可以把程序对象看成并行进程中的人地互动数据结构，而应用对象和用户对象则可以对应着人地互动数据库和人地互动数据表。不同程序对象本身具备观察不同关系的能力。例如，空间程序对象可以观察空间关系，时间程序对象可以观察时间关系，本性程序对象可以观察本性关系。

人地互动二级并行时空数据模型的数学公式为

Model=Parallel_communication（Parallel_communication$S$（Parallel_level1th_component$S$

（Part_dimension_type（Object_collection）））, Parallel_level2th_component$S$

（Part_dimension_type（Object_collection）））

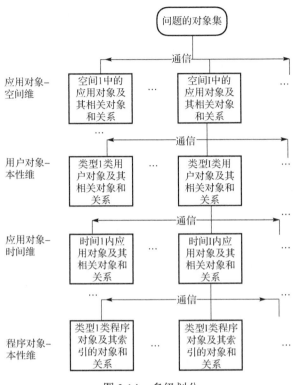

图 3.14　多级划分

人地互动三级并行时空数据模型的数学公式为

Model=Parallel_communication(Parallel_communicationS(Parallel_communicationS

(Parallel_level1th_componentS(Part_dimension_type(Object_collection))),

Parallel_level2th_componentS(Part_dimension_type(Object_collection))),

Parallel_level3th_componentS(Part_dimension_type(Object_collection)))

以此类推。人地互动多级并行时空数据模型的数学公式为

Model=Parallel_communication(Models,Parallel_level*T*th_componentS

(Part_dimension_type(Object_collection)))

其中，Object_collection 指人地互动对象的集合；Part_dimension_type 指综合某几维根据某个类型的人地互动对象对人地互动对象集合的一个划分；Parallel_level*T*th_componentS 指第 *T* 级多个并行的对各人地互动大数据划分进行处理的服务模块；Parallel_communication 指多个服务模块之间用于协同地完整解决人地互动时空问题时的通信，其中，服务模块本身又可以是人地互动并行时空数据模型。

Part_dimension_type⊆Part_dimension1_type∪Part_dimension2_type∪Part_dimension3_type

假设：人地互动问题的规模为 Question_scale（Byte）；问题的各综合维上最细粒度为 Question_dimension_grain（Byte）；不同维上最细粒度之间的相关人地互动数据为 Communication_dimension_grain（Byte）。划分间的相关边界为 Parts-relation_dimension_percent（划分总粒度数），返回划分边界粒度数。处理问题的时间复杂度为 Component（人地互动数据量 Byte）=Processor-cpu_capability（Step/Second）·算法复杂度 f（Step/Byte）·人地互动数据量 Byte（if（人地互动数据量 Byte/Processor-memory_capability（Byte））>1 then·内外存交换延迟 else·1），返回消耗时间 Second。S（Parallel_component）为服务模块的个数。

其中，

Parts-relation_dimension_percent（划分总粒度数）∈ {Parts-relation_1dimension_percent（划分总粒度数），Parts-relation_2dimension_percent（划分总粒度数），Parts-relation_3dimension_percent（划分总粒度数）}

Component（Byte）= Parallel_level1th_component（Byte）∪ Parallel_level2th_component（Byte）∪ … ∪ Parallel_levelTth_component（Byte）

则该人地互动问题在该人地互动大数据环境中求解的最佳并行计算模型的参数公式分析如下。

如果追求最高并行加速度，则为

```
Parallel_speedup_Max=0;
For(levelTth(Parallel_componentS)=1;levelTth(Parallel_componentS)
    <=Processor_number; levelTth(Parallel_componentS) ++){
S(Parallel_Component)=0;
For(levelK=1; levelK <=levelTth(Parallel_componentS)=1; levelK ++)
Persue_best(levelK,S_levelK-1, Question_scale[S_levelK-1]){
  For(Node_ levelK-1=1; Node_ levelK-1<= S_levelK-1; Node_ levelK-1++)
  For Part_dimension_type ∈Collection_Part_dimension_type
  For(S(levelK)=1;S(levelK)<=Processor_number; S(levelK ++){
    Parallel_time= Parallel_levelKth_Component (Question_scale
      [Node_levelK-1]/S(levelK))+ Communication_dimension_grain
      (Parts-relation_dimension_percent(Question_scale[Node_
      levelK-1]/S(levelK)/ Question_grain_dimension) )
    If(levelK<=Parallel_componentS)
    Persue_best(levelK+1,S_levelK, Question_scale[S_levelK])}
    }
```

```
Parallel_speedup=Component(Question_scale)/ Parallel_time
    If  Parallel_speedup〉Parallel_speedup_Max{
    Best_level= levelK;
    Best_S[Best_level]= S[levelK];
  Best_Part_dimension_type[Best_level]=Part_dimension_type
    [Best_level];
    }
}
Output(Best_level, Best_S[Best_level], Best_Part_dimension_type[Best_
    level])
```

从而得到当前人地互动大数据环境下，当前应用问题的并行加速度最佳的人地互动二级并行时空数据模型的并行划分方式和粒度参数。

如果追求最高并行效率，则为

```
Parallel_speedup_Max=0;
For(levelTth(Parallel_componentS)=1;levelTth(Parallel_componentS)
        <=Processor_number; levelTth(Parallel_componentS) ++){
S(Parallel_Component)=0;
For(levelK=1; levelK <=levelTth(Parallel_componentS)=1; levelK ++)
Persue_best(levelK,S_levelK-1, Question_scale[S_levelK-1]){
    For(Node_levelK-1=1; Node_levelK-1<= S_levelK-1; Node_levelK-1++)
    For Part_dimension_type ∈Collection_Part_dimension_type
    For(S(levelK)=1;S(levelK)<=Processor_number; S(levelK ++){
    Parallel_time= Parallel_levelKth_Component (Question_ scale
    [Node_ levelK-1]/S(levelK))+ Communication_dimension_grain
    (Parts-relation_dimension_percent(Question_scale[Node_levelK-1]/
    S(levelK)/ Question_grain_dimension))
If(levelK<=Parallel_componentS)
Persue_best(levelK+1,S_levelK, Question_scale[S_levelK])}
}
Parallel_efficiency=Component(Question_scale)/Parallel_time/S_levelK
    If  Parallel_ efficiency〉Parallel_ efficiency_Max{
    Best_level= levelK;
    Best_S[Best_level]= S[levelK];
    Best_Part_dimension_type[Best_level]= Part_dimension_type
    [Best_level];
```

```
    }
  }
Output(Best_level, Best_S[Best_level], Best_Part_dimension_type
    [Best_level])
```

从而得到当前人地互动大数据环境下，当前应用问题的并行效率最佳的人地互动二级并行时空数据模型的并行划分方式和粒度参数。

3.6　人地互动独立与关联并行时空数据模型

人地互动独立并行时空数据模型：对某种类型对象的划分不会包括其他类型的人地互动对象。例如，对应用对象进行独立划分，则划分中只包含应用对象，而不包含与应用对象有关系的用户对象及其关系。

人地互动关联并行时空数据模型：对某种类型对象的划分包括其他类型的人地互动对象。例如，对应用对象进行关联划分，则划分中不但包含应用对象，而且包含与划分中应用对象有关系的用户对象及其关系。

如果不加以特别说明，人地互动并行时空数据模型都指人地互动关联并行时空数据模型。

人地互动独立并行时空数据模型的数学公式为

$$\text{Model}=\text{Parallel\_communication}(\text{Parallel\_component}S(\text{Part\_dimension\_type}$$
$$(\text{Object\_type}(\text{Object\_collection}))))$$

扩张为多级后人地互动独立并行时空数据模型的数学公式为

$$\text{Model}=\text{Parallel\_communication}(\text{Models, Parallel\_component}S(\text{Part\_dimension\_}$$
$$\text{type}(\text{Object\_type}(\text{Object\_collection}))))$$

其中，Object_collection 为人地互动对象的集合；Object_type 为人地互动对象集合中的某一类对象；Part_dimension_type 为综合某几维根据某个类型的人地互动对象对人地互动对象集合的一个划分；Parallel_componentS 为多个并行的对各人地互动大数据划分进行处理的服务模块；Parallel_communication 为多个服务模块之间用于协同地完整解决人地互动时空问题时的通信，其中，服务模块本身又可以是人地互动并行时空数据模型。

$$\text{Part\_dimension\_type} \subseteq \text{Part\_dimension1\_type} \cup \text{Part\_dimension2\_type}$$
$$\cup \text{Part\_dimension3\_type}$$
$$\text{Object\_type} \in \{\text{Object\_application-type, Object\_user-type}\}$$

人地互动关联并行时空数据模型的数学公式为

Model=Parallel_communication（Parallel_component$S$（Part_dimension_type

（Object_collection）））

扩张为多级后人地互动关联并行时空数据模型的数学公式为

Model=Parallel_communication（Models, Parallel_component$S$（Part_dimension_type

（Object_collection）））

其中，Object_collection 为人地互动对象的集合；Part_dimension_type 为综合某几维根据某个类型的人地互动对象对人地互动对象集合的一个划分；Parallel_component$S$ 为多个并行的对各人地互动大数据划分进行处理的服务模块；Parallel_communication 为多个服务模块之间用于协同地完整解决人地互动时空问题时的通信，其中，服务模块本身又可以是人地互动并行时空数据模型。

Part_dimension_type$\subseteq$Part_dimension1_type$\cup$Part_dimension2_

type$\cup$Part_dimension3_type

假设：人地互动问题的规模为 Question_scale（Byte）；问题的不同维上最细粒度为 Question_1dimension_grain（Byte）；不同维上最细粒度之间的相关人地互动数据为 Communication_dimension_grain（Byte）。划分间的相关边界为 Parts-relation_dimension_percent（划分总粒度数），返回划分边界粒度数。处理问题的时间复杂度为 Component（人地互动数据量 Byte）＝Processor-cpu_capability（Step/Second）·算法复杂度 f（Step/Byte）·人地互动数据量 Byte（if（人地互动数据量 Byte/Processor-memory_capability（Byte））>1 then·内外存交换延迟 else·1），返回消耗时间 Second。S（Parallel_component）为服务模块的个数。

Component（Byte）= Parallel_component（Byte）

关联情况下，该人地互动问题在该人地互动大数据环境中求解的最佳并行计算模型的参数公式前面已经给出，这里只给出独立情况下的公式，且只给出单级的情况，多级可以参考前面章节同理得到。

如果追求最高并行加速度，则为

```
Parallel_speedup_Max=0;
For Part_dimension_type ∈Collection_Part_dimension_type
For(S(Parallel_component)=1;S(Parallel_component)<=Processor_
    number; S(Parallel_component)++){
Parallel_speedup=Component(Object_type(Question_scale))/(Component
    (Object_type(Question_scale)/S(Parallel_component))+Communication_
```

```
        dimension_grain (Parts-relation_dimension_percent(Object_type
        (Question_scale)/S(Parallel_component)/ Question_grain_
        dimension) ))
        If  Parallel_speedup> Parallel_speedup_Max{
        Best_Part_dimension_type= Part_dimension_type;
        Best_S(Parallel_component)= S(Parallel_component);
        }
    }
    Output(Best_Part_dimension_type, Best_S(Parallel_component))
```

从而得到当前人地互动大数据环境下,当前应用问题的并行加速度最佳的人地互动独立并行时空数据模型的并行划分方式和粒度参数。

如果追求最高并行效率,则为

```
    Parallel_speedup_Max=0;
    For Part_dimension_type ∈Collection_Part_dimension_type
    For(S(Parallel_component)=1;S(Parallel_component)<=Processor_
        number; S(Parallel_component)++){
    Parallel_efficiency=(Component(Object_type(Question_scale))/
        (Component (Object_type(Question_scale)/ S(Parallel_component))
        +Communication_dimension_grain (Parts-relation_dimension_
        percent(Object_type(Question_scale)/S(Parallel_component)/
        Question_grain_dimension) )))/ S(Parallel_component)
        If  Parallel_ efficiency> Parallel_efficiency_Max{
        Best_Part_dimension_type= Part_dimension_type;
        Best_S(Parallel_component)= S(Parallel_component);
        }
    }
    Output(Best_Part_dimension_type, Best_S(Parallel_component))
```

从而得到当前人地互动大数据环境下,当前应用问题的并行效率最佳的人地互动独立并行时空数据模型的并行划分方式和粒度参数。

3.7　人地互动单式与复式并行时空数据模型

人地互动单式并行时空数据模型,是指所有人地互动对象的集合被同一个结构的划分所分割,此时任何对象只可能属于某一个划分,而不可能同时属于 2 个或 2 个以上的划分。

人地互动复式并行时空数据模型，是指所有人地互动对象的集合被多个结构的划分所分割，此时各人地互动对象可能同时属于多个划分。

单式划分中可以在某一个划分中包含复式划分，那么该划分在整体上是单式，而在局部是复式。单式一般用于人地互动数据并行，而复式则适用于任务并行。

复式划分，例如，所有对象按照应用对象划分，同时所有对象按照用户对象划分，则同一个应用对象可以既在第一个划分中，又在第二个划分中。再如，对所有的应用对象根据时间维进行划分，同时对所有的应用对象根据空间维进行划分，则问题域的子问题 1 可能利用第一种划分，而子问题 2 可能利用第二种划分。复式划分可以通过应用对象或用户对象进行，也可以通过程序对象的索引机制进行，如果通过索引机制进行，则在人地互动数据库中存在的仍然是一种划分，但在内存中存在的是两种划分。

人地互动单式并行时空数据模型的数学公式为

$$\text{Model} = \text{Parallel\_communication}(\text{Parallel\_component}S(\text{Part\_dimension\_type}$$

$$(\text{Object\_collection})))$$

扩张为多级后人地互动单式并行时空数据模型的数学公式为

$$\text{Model} = \text{Parallel\_communication}(\text{Models, Parallel\_component}S$$

$$(\text{Part\_dimension\_type}(\text{Object\_collection})))$$

其中，Object_collection 为人地互动对象的集合；Part_dimension_type 为综合某几维根据某个类型的人地互动对象对人地互动对象集合的一个划分；Parallel_componentS 为多个并行的对各人地互动大数据划分进行处理的服务模块；Parallel_communication 为多个服务模块之间用于协同地完整解决人地互动时空问题时的通信，其中服务模块本身又可以是人地互动并行时空数据模型。

$$\text{Part\_dimension\_type} \subseteq \text{Part\_dimension1\_type} \cup \text{Part\_dimension2\_type}$$

$$\cup \text{Part\_dimension3\_type}$$

人地互动复式并行时空数据模型的数学公式为

$$\text{Model} = \text{Parallel\_communication}(\text{Parallel\_component}S(\text{Part\_cluster}T\text{th\_dimension\_type}$$

$$(\text{Object\_collection})))$$

扩张为多级后人地互动复式并行时空数据模型的数学公式为

$$\text{Model} = \text{Parallel\_communication}(\text{Models, Parallel\_component}S(\text{Part\_cluster}T\text{th\_}$$

$$\text{dimension\_type}(\text{Object\_collection})))$$

其中，Object_collection 为人地互动对象的集合；Part_clusterTth_dimension_type 为第 T 种划分方式中的某一种综合某几维根据某个类型的人地互动对象对人地互动对象集合的一个划分；Parallel_componentS 为多个并行的对各人地互动大数据划分进行处理的服务模块；Parallel_communication 为多个服务模块之间用于协同地完整解决人地互动时空问题时的通信，其中，服务模块本身又可以是人地互动并行时空数据模型。

$$\text{Part\_cluster1th\_dimension\_type} \subseteq \text{Part\_cluster1th\_1dimension\_}$$

$$\text{type} \cup \text{Part\_cluster1th\_2dimension\_type} \cup \text{Part\_cluster1th\_3dimension\_type}$$

$$\text{Part\_cluster}7th\_\text{dimension\_type} \in \{\text{Part\_cluster1th\_dimension\_type},$$

$$\text{Part\_cluster2th\_dimension\_type}, \cdots, \text{Part\_cluster}7th\_\text{dimension\_type}\}$$

假设：人地互动问题的规模为 Question_scale（Byte）；问题的不同维上最细粒度为 Question_1dimension_grain（Byte）；不同维上最细粒度之间的相关人地互动数据为 Communication_dimension_grain（Byte）。划分间的相关边界为 Parts-relation_dimension_percent（划分总粒度数），返回划分边界粒度数。处理问题的时间复杂度为 Component（人地互动数据量 Byte）＝Processor-cpu_ capability（Step/Second）·算法复杂度 f（Step/Byte）·人地互动数据量 Byte（if（人地互动数据量 Byte/Processor-memory_capability（Byte））>1 then·内外存交换延迟 else·1），返回消耗时间 Second。S（Parallel_component）为服务模块的个数。

$$\text{Component（Byte）} = \text{Parallel\_component（Byte）}$$

单式的情况下该人地互动问题在该人地互动大数据环境中求解的最佳并行计算模型的参数公式前面已经给出，这里只给出复式情况下的公式，且只给出单级的情况，多级可以根据 3.5 节同理得到。

如果追求最高并行加速度，则为

```
Parallel_speedup_Max=0;
For(cluster(Part_dimension_type)=1; cluster(Part_dimension_type)
    <-Processor_number; cluster(Part_dimension_type)++ ){
For (clusterTth(Part_dimension_type)=1; clusterTth(Part_dimension_
    type)< cluster(Part_dimension_type); clusterTth(Part_dimension_
    type)++)
For Part_clusterTth_dimension_type ∈Collection_Part_dimension_type
For(S(Parallel_component_clusterTth)=1;S(Parallel_component_
    clusterTth)<=Processor_number; S(Parallel_component_
    clusterTth)++){
Serial_time= Serial_ time +Component_clusterTth(Question_scale)
  Parallel_time=Parallel_time+Component_clusterTth(Question_scale_
```

```
    clusterTth)/ (Component_clusterTth (Question_scale_clusterTth/
      S(Parallel_component_clusterTth))+Communication_dimension_grain
      (Parts-relation_dimension_percent(Question_scale_clusterTth/
      S(Parallel_component_clusterTth)/ Question_grain_dimension) ))
    }
    Parallel_speedup= Serial_time/ Parallel_time
    If  Parallel_speedup) Parallel_speedup_Max{
    Best_cluster(Part_dimension_type)= cluster(Part_dimension_type)
    Best_Part_clusterTth_dimension_type[Best_cluster]
    Part_clusterTth_dimension_type[Best_cluster];
    Best_S[Best_cluster]= S[Best_cluster];
    }
  }
  Output(Best_cluster(Part_dimension_type), Best_Part_clusterTth_
    dimension_type[Best_cluster], Best_S[Best_cluster])
```

从而得到当前人地互动大数据环境下，当前应用问题的并行加速度最佳的人地互动复式并行时空数据模型的并行划分方式和粒度参数。

如果追求最高并行效率，则为

```
Parallel_speedup_Max=0;
For(cluster(Part_dimension_type)=1; cluster(Part_dimension_
    type)<=Processor_number; cluster(Part_dimension_type)++ ){
For (clusterTth(Part_dimension_type)=1; clusterTth(Part_dimension_
    type)< cluster(Part_dimension_type); clusterTth(Part_dimension_
    type)++)
For Part_clusterTth_dimension_type ∈Collection_Part_dimension_type
For(S(Parallel_component_clusterTth)=1;S(Parallel_component_
    clusterTth)<=Processor_number; S(Parallel_component_
    clusterTth)++){
S=S+ S(Parallel_component_clusterTth);
Serial_time= Serial_ time +Component_clusterTth(Question_scale)
  Parallel_time=Parallel_time+Component_clusterTth(Question_scale_
    clusterTth)/ (Component_clusterTth (Question_scale_clusterTth
    /S(Parallel_component_clusterTth))+Communication_dimension_
```

```
        grain (Parts-relation_dimension_percent(Question_scale_
        clusterTth /S(Parallel_component_clusterTth)/ Question_grain_
        dimension)))
    }
    Parallel_efficiency= Serial_time/ Parallel_time/S
    If  Parallel_ efficiency) Parallel_ efficiency _Max{
    Best_cluster(Part_dimension_type)= cluster(Part_dimension_type)
    Best_Part_clusterTth_dimension_type[Best_cluster]
    Part_clusterTth_dimension_type[Best_cluster];
    Best_S[Best_cluster]= S[Best_cluster];
    }
}
Output(Best_cluster(Part_dimension_type), Best_Part_clusterTth_
    dimension_type[Best_cluster], Best_S[Best_cluster])
```

从而得到当前人地互动大数据环境下，当前应用问题的并行效率最佳的人地互动复式并行时空数据模型的并行划分方式和粒度参数。

3.8 人地互动松耦合与紧耦合并行时空数据模型

松耦合划分：指不同划分之间的关系比较少，有利于降低通信的开销，如对应用对象的划分。

紧耦合划分：指不同划分之间的关系比较多，通信开销比较大。例如，先基于本性维将所有对象独立划分为应用对象、用户对象，再分别对应用对象和用户对象进行划分。此时将用户对象和其对应的应用对象放在不同的划分中，而用户对象和其应用对象之间的关系是非常密切的，却属于不同的划分，显然不同的划分之间是紧耦合的。

同时随着划分级别的增多，不同划分中的人地互动对象会越来越紧耦合。

人地互动紧耦合并行时空数据模型的数学公式为

$$Model=Parallel\_communication(Parallel\_componentS(Part\_dimension\_type$$
$$(Object\_collection)))\&\&(Cost\_time(Parallel\_communication)>Limit\_time)$$

扩张为多级后人地互动紧耦合并行时空数据模型的数学公式为

$$Model=Parallel\_communication(Models, parallel\_componentS(Part\_dimension\_type$$
$$(Object\_collection)))\&\&(Cost\_time(Parallel\_communication)>Limit\_time)$$

人地互动松耦合并行时空数据模型的数学公式为

$$Model = Parallel\_communication(Parallel\_componentS(Part\_dimension\_type$$
$$(Object\_collection))) \&\& (Cost\_time(Parallel\_communication) < Limit\_time)$$

扩张为多级后人地互动松耦合并行时空数据模型的数学公式为

$$Model = Parallel\_communication(Models, Parallel\_componentS(Part\_dimension\_type$$
$$(Object\_collection))) \&\& (Cost\_time(Parallel\_communication) < Limit\_time)$$

其中，Object_collection 为人地互动对象的集合；Part_dimension_type 为综合某几维根据某个类型的人地互动对象对人地互动对象集合的一个划分；Parallel_component$S$ 为多个并行的对各人地互动大数据划分进行处理的服务模块；Parallel_communication 为多个服务模块之间用于协同地完整解决人地互动时空问题时的通信，其中服务模块本身又可以是人地互动并行时空数据模型；Cost_time 为通信所花费的时间；Limit_time 为判断是松耦合还是紧耦合的时间阈值。

$$Part\_dimension\_type \subseteq Part\_dimension1\_type \cup Part\_dimension2\_type$$
$$\cup Part\_dimension3\_type$$

假设：人地互动问题的规模为 Question_scale(Byte)；问题的不同维上最细粒度为 Question_1dimension_grain(Byte)；不同维上最细粒度之间的相关人地互动数据为 Communication_dimension_grain(Byte)。划分间的相关边界为 Parts-relation_dimension_percent(划分总粒度数)，返回划分边界粒度数。处理问题的时间复杂度为 Component（人地互动数据量 Byte）= Processor-cpu_capability(Step/Second) · 算法复杂度 f(Step/Byte) · 人地互动数据量 Byte(if(人地互动数据量 Byte/Processor-memory_capability(Byte)) > 1 then · 内外存交换延迟 else · 1)，返回消耗时间 Second。S(Parallel_component) 为服务模块的个数。

$$Component(Byte) = Parallel\_component(Byte)$$

则松耦合的情况下该人地互动问题在该人地互动大数据环境中求解的最佳并行计算模型的参数公式如下（只给出单级的情况，多级可以参考前面章节同理得到）。

如果追求最高并行加速度，则为

```
Parallel_speedup_Max=0;
For Part_dimension_type ∈Collection_Part_dimension_type
For(S(Parallel_component)=1;S(Parallel_component)<=Processor_
    number; S(Parallel_component)++){
If Communication_dimension_grain (Parts-relation_dimension_
    percent(Question_scale/S(Parallel_component)/ Question_grain_
    dimension) )> Limit_time then continue;
Parallel_speedup=Component(Question_scale)/ (Component (Question_
```

```
scale/ S(Parallel_component))+ Communication_dimension_grain
(Parts-relation_dimension_percent(Question_scale/S(Parallel_
component)/ Question_grain_dimension) ))
If  Parallel_speedup> Parallel_speedup_Max{
Best_Part_dimension_type= Part_dimension_type;
Best_S(Parallel_component)= S(Parallel_component);
}
}
Output(Best_Part_dimension_type, Best_S(Parallel_component))
```

从而得到当前人地互动大数据环境下，当前应用问题的并行加速度最佳的人地互动松耦合并行时空数据模型的并行划分方式和粒度参数。

如果追求最高并行效率，则为

```
Parallel_speedup_Max=0;
For Part_dimension_type ∈Collection_Part_dimension_type
For(S(Parallel_component)=1;S(Parallel_component)<=Processor_
    number; S(Parallel_component)++){
If Communication_dimension_grain (Parts-relation_dimension_
    percent(Question_scale/S(Parallel_component)/ Question_
    grain_dimension) )> Limit_time then continue;
Parallel_efficiency=(Component(Object_type(Question_scale))/
    (Component(Object_type(Question_scale)/S(Parallel_component))+
    Communication_dimension_grain (Parts-relation_dimension_
    percent(Object_type(Question_scale)/S(Parallel_component)/
    Question_grain_dimension) )))/ S(Parallel_component)
If  Parallel_ efficiency> Parallel_efficiency_Max{
Best_Part_dimension_type= Part_dimension_type;
Best_S(Parallel_component)= S(Parallel_component);
}
}
Output(Best_Part_dimension_type, Best_S(Parallel_component))
```

从而得到当前人地互动大数据环境下，当前应用问题的并行效率最佳的人地互动松耦合并行时空数据模型的并行划分方式和粒度参数。

紧耦合的情况下该人地互动问题在该人地互动大数据环境中求解的最佳并行计算模型的参数公式如下（只给出单级的情况，多级可以参考前面章节同理得到）。

如果追求最高并行加速度，则为

```
Parallel_speedup_Max=0;
```

```
For Part_dimension_type ∈Collection_Part_dimension_type
For(S(Parallel_component)=1;S(Parallel_component)<=Processor_
    number; S(Parallel_component)++){
If Communication_dimension_grain (Parts-relation_dimension_
    percent(Question_scale/S(Parallel_component)/ Question_
    grain_dimension) )< Limit_time then continue;
Parallel_speedup=Component(Question_scale)/ (Component (Question_
    scale/ S(Parallel_component))+ Communication_dimension_grain
    (Parts-relation_dimension_percent(Question_scale/S(Parallel_
    component)/Question_grain_dimension)))
    If Parallel_speedup〉Parallel_speedup_Max{
    Best_Part_dimension_type= Part_dimension_type;
    Best_S(Parallel_component)= S(Parallel_component);
    }
}
Output(Best_Part_dimension_type, Best_S(Parallel_component))
```

从而得到当前人地互动大数据环境下，当前应用问题的并行加速度最佳的人地互动
紧耦合并行时空数据模型的并行划分方式和粒度参数。

如果追求最高并行效率，则为

```
Parallel_speedup_Max=0;
For Part_dimension_type ∈Collection_Part_dimension_type
For(S(Parallel_component)=1;S(Parallel_component)<=Processor_
    number; S(Parallel_component)++){
If Communication_dimension_grain (Parts-relation_dimension_
    percent(Question_scale/S(Parallel_component)/ Question_
    grain_dimension) )< Limit_time then continue;
Parallel_efficiency=(Component(Object_type(Question_scale))/
    (Component(Object_type(Question_scale)/S(Parallel_component))+
    Communication_dimension_grain (Parts-relation_dimension_
    percent(Object_type(Question_scale)/S(Parallel_component)/
    Question_grain_dimension) )))/ S(Parallel_component)
    If Parallel_ efficiency〉Parallel_efficiency_Max{
    Best_Part_dimension_type= Part_dimension_type;
    Best_S(Parallel_component)= S(Parallel_component);
    }
```

```
        }
Output(Best_Part_dimension_type, Best_S(Parallel_component))
```

从而得到当前人地互动大数据环境下，当前应用问题的并行效率最佳的人地互动紧耦合并行时空数据模型的并行划分方式和粒度参数。

3.9　单个时间段全局存储空间下人地互动大数据时空模型

在不区分处理空间、备用空间、潜在空间的前提下，考虑单个时间段，人地互动大数据时空模型可由人地互动并行时空数据模型组成，包括同一人地互动时空数据集同一人地互动并行时空数据模型、同一人地互动时空数据集多个人地互动并行时空数据模型、同一人地互动并行时空数据模型多个人地互动时空数据集、多个人地互动并行时空数据模型多个人地互动时空数据集、混合人地互动并行时空数据模型。

1)同一人地互动时空数据集同一人地互动并行时空数据模型

人地互动并行时空数据模型本身对人地互动时空数据集的划分和组织是并行的，如图 3.15 所示。

图 3.15　同一人地互动时空数据集同一人地互动并行时空数据模型举例

2)同一人地互动时空数据集多个人地互动并行时空数据模型

多个人地互动并行时空数据模型对同一人地互动时空数据集的划分和组织是任务并行的。各人地互动并行时空数据模型本身对人地互动时空数据集的划分和组织也是并行的。两者构成了多级并行的关系，如图 3.16 所示。

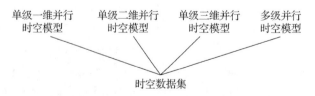

图 3.16　同一人地互动时空数据集多个人地互动并行时空数据模型举例

3)同一人地互动并行时空数据模型多个人地互动时空数据集

同一人地互动并行时空数据模型对多个人地互动时空数据集的划分和组织是人地互动数据并行的。人地互动并行时空数据模型本身对各人地互动时空数据集的划分和组织也是并行的。两者构成了多级并行的关系，如图 3.17 所示。

图 3.17　同一人地互动并行时空数据模型多个人地互动时空数据集举例

4)多个人地互动并行时空数据模型多个人地互动时空数据集

多个人地互动并行时空数据模型对多个人地互动时空数据集的划分和组织是任务并行的。人地互动并行时空数据模型本身对各人地互动时空数据集的划分和组织也是并行的。两者构成了多级并行的关系，如图 3.18 所示。

图 3.18　多个人地互动并行时空数据模型多个人地互动时空数据集举例

5)混合人地互动并行时空数据模型

由同一人地互动时空数据集同一人地互动并行时空数据模型、同一人地互动时空数据集多个人地互动并行时空数据模型、同一人地互动并行时空数据模型多个人地互动时空数据集、多个人地互动并行时空数据模型多个人地互动时空数据集中两种或两种以上混合而成，其总体上是任务并行的。其中，各人地互动并行时空数据模型本身对各人地互动时空数据集的处理也是并行的。几者构成了多级并行的关系，如图 3.19 所示。

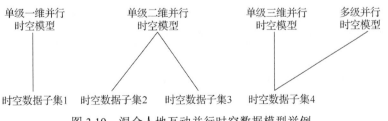

图 3.19　混合人地互动并行时空数据模型举例

3.10　单个时间段多级存储空间下人地互动大数据时空模型

在区分处理空间、备用空间、潜在空间时，不同的人地互动数据集可以处于不同的存储空间，有以下几条原则可以参考。

1) 不常用的人地互动数据集放在潜在空间

不常用的人地互动数据集也可能会用上，所以不能删除，但如果存在处理空间和备用空间会带来很大的开销，因此不常用的人地互动数据集放在潜在空间，能降低存储成本，因为潜在空间的成本比处理空间和备用空间低，如图 3.20 所示。

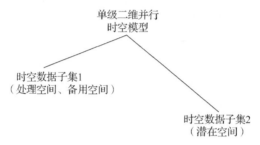

图 3.20　潜在空间使用原则举例

2) 各存储空间并行时空数据模型粒度的选择

潜在人地互动空间数据集宜用粗粒度人地互动并行时空数据模型，因为潜在人地互动空间数据使用频率低，也不直接用于分布式并行处理，没有必要切得细，而且潜在空间容量一般很大，可以存储大块人地互动数据，没有必要切成很多块分布存储。

备用人地互动空间数据集宜用中等粒度人地互动并行时空数据模型，人地互动大数据切得太细或太粗都会影响处理空间从备用空间中调取人地互动数据集的速度。因为如果备用人地互动空间数据集切得太粗，则将人地互动数据集从备用空间调入处理空间时，需要进行大量的划分；如果备用人地互动空间数据集切得太细，则将人地互动数据集从备用空间调入处理空间时，由于备用空间的已有划分方式与处理空间需要的划分方式不一定一致，可能需要将备用空间的已有划分整合后再按处理空间的需要进行划分。

处理人地互动空间数据集宜用细粒度人地互动并行时空数据模型，因为越细处理起来并行加速度越高，但要考虑到应用的实际需求和人地互动大数据环境的资源状况，否则会适得其反，如图 3.21 所示。

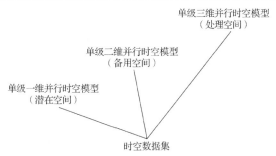

图 3.21　各存储空间并行时空数据模型粒度的选择原则举例

3.11　多个时间段人地互动大数据时空模型

多个时间段的人地互动大数据时空模型的公式为

Model_Bigdata=∫Model_Bigdata(t)dt={Model_Bigdata(0),Model_Bigdata(1),

　　Model_Bigdata(2),…}

该公式说明多个时间段的人地互动大数据时空模型是由单个时间段的人地互动大数据时空模型组成的。

单个时间段的人地互动大数据时空模型的公式为

$$Model\_Bigdata\ (t)=\{Model\_Parallel\}$$

该公式说明单个时间段的人地互动大数据时空模型是由人地互动并行时空数据模型组成的。

人地互动并行时空数据模型的公式为

Model_Parallel=Parallel_communication(Models,Parallel_level$T$th_component$S$

　　(Part_dimension_type(Object_collection)))

各时间段的人地互动大数据时空模型的选择方法如下。

(1)备选组合模式。

求出该时间段的人地互动大数据环境和应用需求下的各种人地互动并行时空数据模型备选组合的并行加速度和并行效率,选出并行效率最佳的人地互动并行时空数据模型备选组合和并行加速度最佳的人地互动并行时空数据模型备选组合。如果追求最高并行效率,则将并行效率最佳的人地互动并行时空数据模型备选组合设定为人地互动大数据时空模型在该时间段的人地互动并行时空数据模型组合;如果追求最高并行加速度,则将并行加速度最佳的人地互动并行时空数据模型备选组合设定为人地互动大数据时空模型在该时间段的人地互动并行时空数据模型组合。人地互动并行时空数据模型组合的并行加速度和并行效率的求解根据并行加速度和并行效率的定义进行。

（2）默认模式。

如果没有备选组合，则默认使用同一人地互动时空数据集同一人地互动并行时空数据模型，此时根据上面各节给出的方法求解该时间段的人地互动大数据环境和应用需求下各人地互动并行时空数据模型的最佳并行加速度和最佳并行效率。如果追求最高并行效率，则将最佳并行效率最大的人地互动并行时空数据模型设定为人地互动大数据时空模型在当前时间段的人地互动并行时空数据模型；如果追求最高并行加速度，则将最佳并行加速度最大的人地互动并行时空数据模型设定为人地互动大数据时空模型在当前时间段的人地互动并行时空数据模型。即在该时间段选出最适合该时间段人地互动大数据环境和应用需求的人地互动并行时空数据模型。

第4章 人地互动大数据时空操作

在实际应用时，将人地互动大数据操作方法与应用中需要操作的人地互动大数据相结合就可以形成实际的人地互动大数据操作。

与人地互动并行时空数据模型不同的是，人地互动大数据时空模型中人地互动大数据划分方式和操作方式可以随着时间改变，即使是同一种人地互动大数据划分方式和操作方式，其在不同存储空间上的分布方式也可以不同，因为人地互动大数据时空模型的存储空间分为处理空间、后备空间、潜在空间。人地互动大数据时空模型的人地互动大数据操作由各个时间段的整个存储空间的人地互动并行时空数据模型的基本数据操作组成。人地互动并行时空数据模型的基本数据操作包括对象运算、关系运算[24]。其中，对象运算又包括本性聚类[25]、时空分布[26]，如图4.1所示。

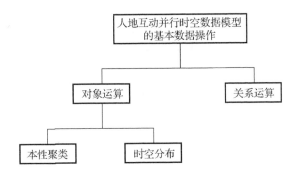

图 4.1　人地互动并行时空数据模型的基本数据操作

4.1　本　性　聚　类

1) 求同一个时间上的不同空间中的同类对象

第1步：并行地对各空间中的人地互动对象进行观察，判断其特性，并根据特性将该空间内的人地互动对象进行归类，不同特性的人地互动对象放入不同的数组或不同的指针链表中。第2步：汇总不同空间内的不同特性数组中的人地互动对象。图4.2中举例示意了求同一个时间上的不同空间中的同类对象。

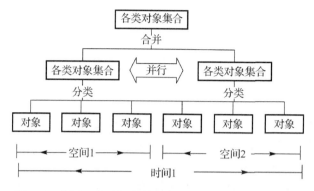

图 4.2　求同一个时间上的不同空间中的同类对象举例

2）求同一个空间上的不同时间中的同类对象

第 1 步：并行地对各时间中的人地互动对象进行观察，判断其特性，并根据特性将该时间内的人地互动对象进行归类，不同特性的人地互动对象放入不同的数组或不同的指针链表中。第 2 步：汇总不同时间内的不同特性数组中的人地互动对象。图 4.3 中举例示意了求同一个空间上的不同时间中的同类对象。

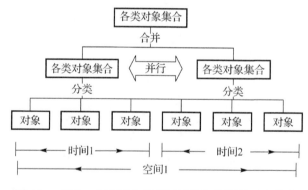

图 4.3　求同一个空间上的不同时间中的同类对象举例

3）求不同时间上的不同空间中的同类对象

第 1 步：并行地对各时间点的各空间中的人地互动对象进行观察，判断其特性，并根据特性将该空间内的人地互动对象进行归类，不同特性的人地互动对象放入不同的数组或不同的指针链表中。第 2 步：汇总同一个时间点上的不同空间内的不同特性数组中的人地互动对象。第 3 步：汇总不同时间点上的人地互动对象聚类。图 4.4 中举例示意了求不同时间上的不同空间中的同类对象。

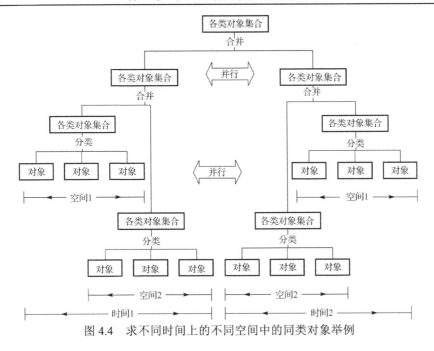

图 4.4　求不同时间上的不同空间中的同类对象举例

4.2　查　询

1)在同一个时间上的不同空间中查询某对象或某些对象

第 1 步:并行地对各空间中的人地互动对象进行观察,判断其特性,并根据特性判断其中各人地互动对象是否符合查询的条件,将符合查询条件的人地互动对象放入查询结果数组或指针。第 2 步:汇总不同空间内的查询结果。图 4.5 中举例示意了在同一个时间上的不同空间中查询某对象或某些对象。

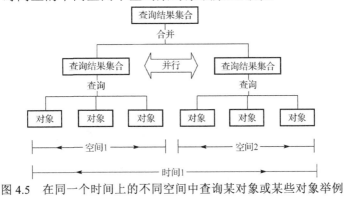

图 4.5　在同一个时间上的不同空间中查询某对象或某些对象举例

2)在同一个空间上的不同时间中查询某对象或某些对象

第 1 步:并行地对各时间中的人地互动对象进行观察,判断其特性,并根据特性判断其中各人地互动对象是否符合查询的条件,将符合查询条件的人地互动对象放入查询结果数组或指针。第 2 步:汇总不同时间内的查询结果。图 4.6 中举例示意了在同一个空间上的不同时间中查询某对象或某些对象。

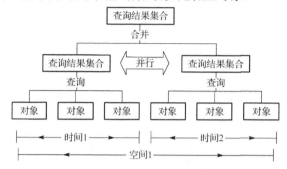

图 4.6   在同一个空间上的不同时间中查询某对象或某些对象举例

3) 在不同时间上的不同空间中查询某对象或某些对象

第 1 步:并行地对各时间各空间中的人地互动对象进行观察,判断其特性,并根据特性判断其中各人地互动对象是否符合查询的条件,将符合查询条件的人地互动对象放入查询结果数组或指针。第 2 步:汇总同一时间不同空间内的查询结果。第 3 步:汇总不同时间的查询结果。

如果需要查询所有结果,则全部人地互动大数据进程结束时,云查询结束;否则只要有一个人地互动大数据进程查询结束,即可通知所有的人地互动大数据进程结束。图 4.7 中举例示意了在不同时间上的不同空间中查询某对象或某些对象。

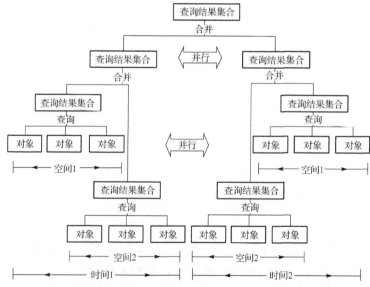

图 4.7   在不同时间上的不同空间中查询某对象或某些对象举例

4.3　关 系 运 算

1. 空间关系运算

1)同一时间不同空间内的人地互动对象之间的空间关系运算

第 1 步：并行地求同一个空间内的人地互动对象之间的空间关系[27]。第 2 步：并行地合并各空间的人地互动对象的空间拓扑[28](这种归并，不是简单地叠加或综合，而是进行空间的衔接)。图 4.8 中举例示意了同一时间不同空间内的人地互动对象之间的空间关系运算。

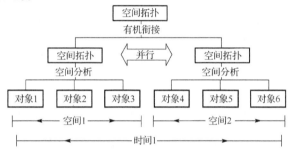

图 4.8　同一时间不同空间内的人地互动对象之间的空间关系运算举例

2)不同空间内的时间点人地互动对象之间的空间关系运算

第 1 步：并行地求同一个空间内的时间点人地互动对象之间的空间关系。第 2 步：并行地合并各空间的时间点人地互动对象的空间拓扑(这种归并，不是简单地叠加或综合，而是进行空间的衔接)。图 4.9 中举例示意了不同空间内的时间点人地互动对象之间的空间关系运算。

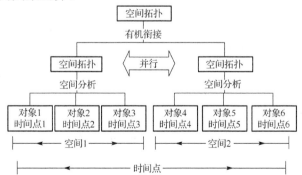

图 4.9　不同空间内的时间点人地互动对象之间的空间关系运算举例

3)不同时间同一空间内的人地互动对象之间的空间关系运算

第 1 步：并行地求同一个时间的人地互动对象之间的空间关系。第 2 步：并行地合并各时间的人地互动对象的空间拓扑(这种归并,不是衔接,而是进行综合性的叠加,不是简单地叠加,而是有机地叠加)。图 4.10 中举例示意了不同时间同一空间内的人地互动对象之间的空间关系运算。

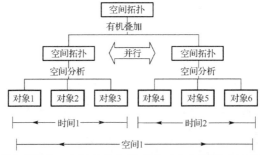

图 4.10 不同时间同一空间内的人地互动对象之间的空间关系运算举例

4)不同时间不同空间内的人地互动对象之间的空间关系运算

第 1 步:并行地求同一个空间同一个时间内的人地互动对象之间的空间关系。第 2 步:并行地合并同一个空间各时间的人地互动对象的空间拓扑(这种归并,不是衔接,而是进行综合性的叠加,不是简单地叠加,而是有机地叠加)。第 3 步:衔接不同空间的拓扑。图 4.11 中举例示意了不同时间不同空间内的人地互动对象之间的空间关系运算。

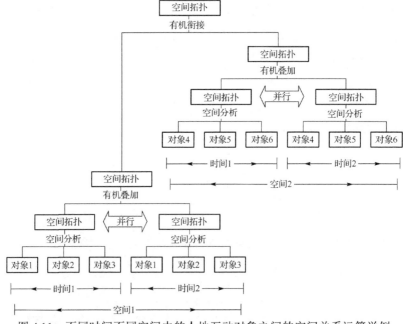

图 4.11 不同时间不同空间内的人地互动对象之间的空间关系运算举例

5)不同时间内的某对象自身与自身的空间关系运算

第 1 步:每个进程求相邻几个时间内单个对象的空间关系,不同人地互动大数据进程之间需要交换边界人地互动数据。第 2 步：合并需要相连的轨迹。图 4.12 中举例示意了不同时间内的某对象自身与自身的空间关系运算。

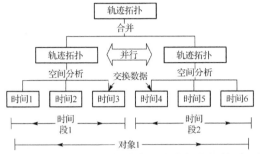

图 4.12　不同时间内的某对象自身与自身的空间关系运算举例

6）不同时间内的各人地互动对象自身与自身的空间关系运算

第 1 步：每个进程求相邻几个时间内单个对象的空间关系，不同人地互动大数据进程之间需要交换边界人地互动数据。第 2 步：合并需要相连的轨迹。第 3 步：汇总属于不同对象的不同轨迹，不同对象的轨迹之间不需要通信。图 4.13 中举例示意了不同时间内的各人地互动对象自身与自身的空间关系运算。

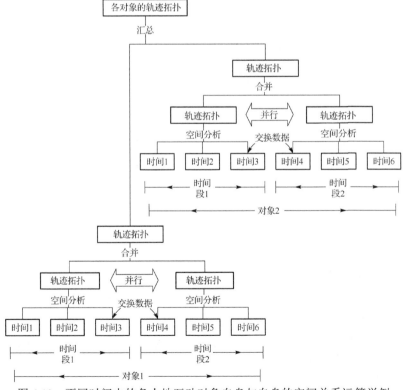

图 4.13　不同时间内的各人地互动对象自身与自身的空间关系运算举例

7) 一段时间内的各人地互动对象轨迹之间的空间关系运算

第 1 步: 每个进程求相邻几个时间内单个对象的空间关系, 不同人地互动大数据进程之间需要交换边界人地互动数据。第 2 步: 分析不同对象轨迹之间的空间关系, 合并需要相连的轨迹。图 4.14 中举例示意了一段时间内的各人地互动对象轨迹之间的空间关系运算。

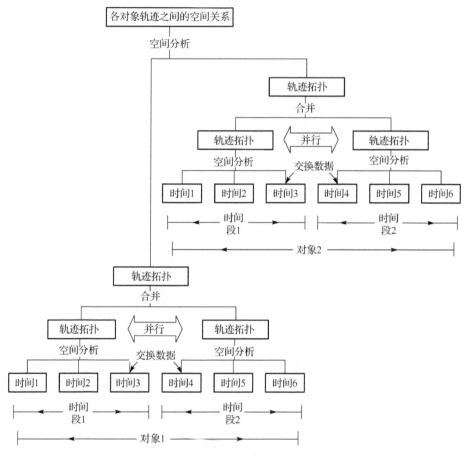

图 4.14　一段时间内的各人地互动对象轨迹之间的空间关系运算举例

2. 时间关系运算

不同空间内的某类人地互动对象自身的时间轨迹之间的关系运算。

第 1 步: 并行地求出不同空间中的人地互动对象的时间轨迹。第 2 步: 对各时间轨迹[29]进行时间分析, 求出其时间拓扑关系。图 4.15 中举例示意了不同空间内的某类人地互动对象自身的时间轨迹之间的关系运算。

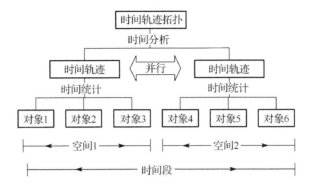

图 4.15　不同空间内的某类人地互动对象自身的时间轨迹之间的关系运算举例

3．本性关系运算

1)同一空间内不同时间点内人地互动对象之间的本性关系运算

第 1 步：并行地求出该空间相邻几个时间点的人地互动对象之间的本性关系，并将本性进行分类。第 2 步：对各时间段的本性人地互动对象集合进行本性关系分析。例如，用于计算某地植物生长的规律[30]及物种的变化[31]。图 4.16 中举例示意了同一空间内不同时间点内人地互动对象之间的本性关系运算。

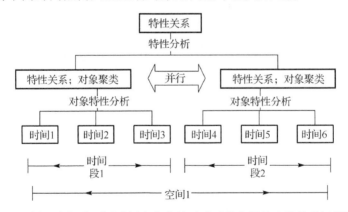

图 4.16　同一空间内不同时间点内人地互动对象之间的本性关系运算举例

2)同一时间内不同空间内人地互动对象之间的本性关系运算

第 1 步：并行地求出该时间不同空间内的人地互动对象之间的本性关系，并将本性进行分类。第 2 步：对各空间的本性人地互动对象集合进行本性关系分析。例如，分析不同地区的物种的不同。图 4.17 中举例示意了同一时间内不同空间内人地互动对象之间的本性关系运算。

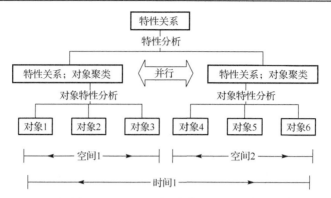

图 4.17　同一时间内不同空间内人地互动对象之间的本性关系运算举例

3) 不同时间内不同空间内人地互动对象之间的本性关系运算

第 1 步：并行地求出该时间不同空间内的人地互动对象之间的本性关系，并将本性进行分类。第 2 步：对各时间的本性人地互动对象集合进行本性关系分析。例如，可用于计算各地农作物的生长周期的差异。图 4.18 中举例示意了不同时间内不同空间内人地互动对象之间的本性关系运算。

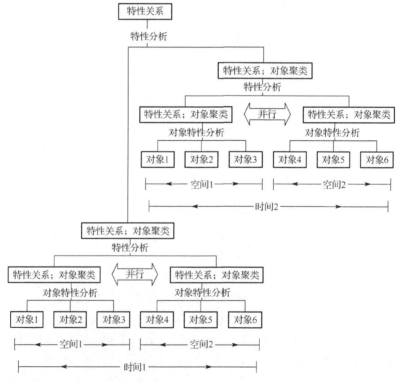

图 4.18　不同时间内不同空间内人地互动对象之间的本性关系运算举例

4.4　时　空　分　布

1. 空间分布运算

1) 同一时间内某类人地互动对象的空间分布运算

第 1 步：并行地统计各空间内的某类人地互动对象的空间分布。第 2 步：并行地进行汇总，得到某类人地互动对象在所有空间内的分布。图 4.19 中举例示意了同一时间内某类人地互动对象的空间分布运算。

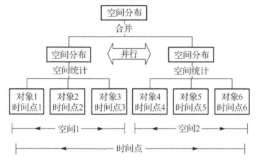

图 4.19　同一时间内某类人地互动对象的空间分布运算举例

2) 同一时间内多类人地互动对象的空间分布运算

第 1 步：分别并行地对每类对象进行空间分布[32]计算。第 2 步：汇总各类对象的空间分布。图 4.20 中举例示意了同一时间内多类人地互动对象的空间分布运算。

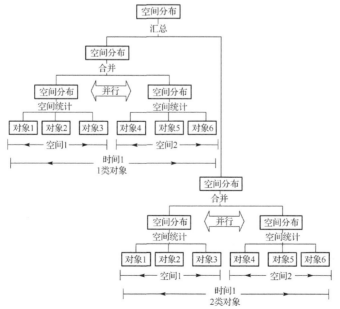

图 4.20　同一时间内多类人地互动对象的空间分布运算举例

3) 某类人地互动对象时间点的空间分布运算

第 1 步：并行地统计各空间内的某类人地互动对象时间点的空间分布。第 2 步：并行地汇总，得到某类人地互动对象在所有空间内的分布。可用于对不同罪犯在各自作案时间点的空间分布[33]。图 4.21 中举例示意了某类人地互动对象时间点的空间分布运算。

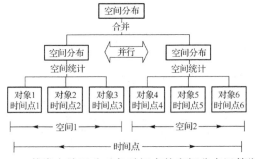

图 4.21　某类人地互动对象时间点的空间分布运算举例

4) 多类人地互动对象时间点的空间分布运算

第 1 步：分别并行地对每类对象时间点进行空间分布计算。第 2 步：汇总各类对象的空间分布。图 4.22 中举例示意了多类人地互动对象时间点的空间分布运算。

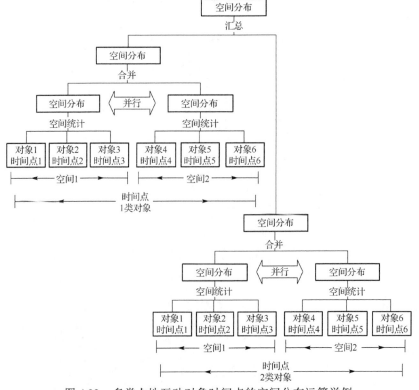

图 4.22　多类人地互动对象时间点的空间分布运算举例

5) 不同时间内某类人地互动对象的空间分布运算

第 1 步：并行地统计各时间各空间内的某类人地互动对象的空间分布。第 2 步：并行地进行汇总，得到某类人地互动对象在所有空间内的分布。然后并行地叠加得到所有时间点内人地互动对象的空间分布。图 4.23 中举例示意了不同时间内某类人地互动对象的空间分布运算。

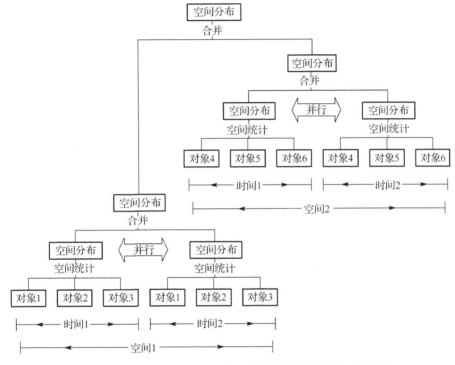

图 4.23 不同时间内某类人地互动对象的空间分布运算举例

6) 不同时间内多类人地互动对象的空间分布运算

第 1 步：分别并行地对每类对象进行空间分布计算。第 2 步：汇总各类对象的空间分布。图 4.24 中举例示意了不同时间内多类人地互动对象的空间分布运算。

2. 时间分布运算

1) 同一空间内某类人地互动对象的时间分布运算

第 1 步：并行地统计各时间内的某类人地互动对象的时间分布。第 2 步：并行地汇总，得到某类人地互动对象在所有时间内的分布。同一空间指空间足够小，不需要进行空间上的划分。图 4.25 中举例示意了同一空间内某类人地互动对象的时间分布运算。

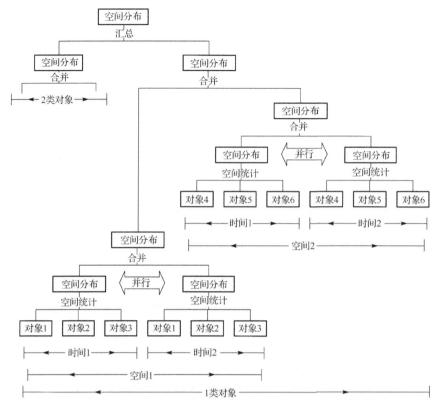

图 4.24　不同时间内多类人地互动对象的空间分布运算举例

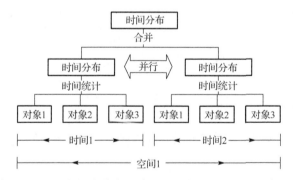

图 4.25　同一空间内某类人地互动对象的时间分布运算举例

2)同一空间内多类人地互动对象的时间分布运算

第 1 步：分别并行地对每类对象进行时间分布计算。第 2 步：汇总各类对象的时间分布。同一空间指空间足够小，不需要进行空间上的划分。图 4.26 中举例示意了同一空间内多类人地互动对象的时间分布运算。

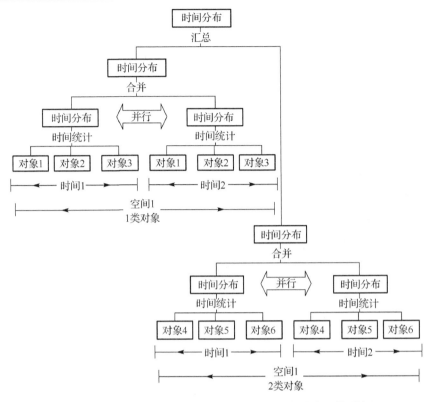

图 4.26　同一空间内多类人地互动对象的时间分布运算举例

3)某类人地互动对象空间点的时间分布运算

第 1 步:并行地统计各时间内的某类人地互动对象空间点的时间分布。第 2 步:并行地汇总,得到某类人地互动对象在所有时间内的分布。可用于对罪犯在各自作案地点的时间分布。图 4.27 中举例示意了某类人地互动对象空间点的时间分布运算。

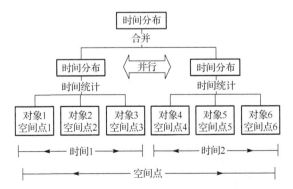

图 4.27　某类人地互动对象空间点的时间分布运算举例

4）多类人地互动对象空间点的时间分布运算

第 1 步：分别并行地对每类对象进行时间分布计算。第 2 步：汇总各类对象的时间分布。图 4.28 中举例示意了多类人地互动对象空间点的时间分布运算。

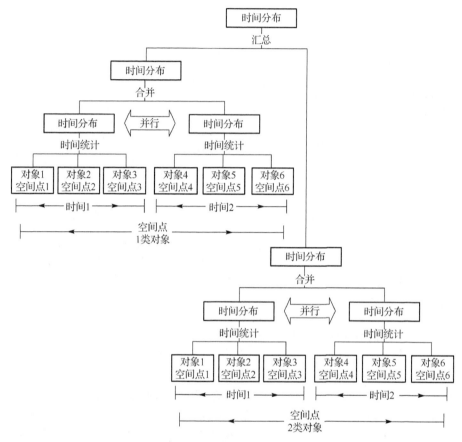

图 4.28　多类人地互动对象空间点的时间分布运算举例

5）不同空间内某类人地互动对象的时间分布运算

第 1 步：并行地统计各空间各时间内的某类人地互动对象的时间分布。第 2 步：并行地汇总，得到某类人地互动对象在所有时间内的分布。第 3 步：并行地叠加得到所有空间内人地互动对象的时间分布。图 4.29 中举例示意了不同空间内某类人地互动对象的时间分布运算。

6）不同空间内多类人地互动对象的时间分布运算

第 1 步：分别并行地对每类对象进行时间分布计算。第 2 步：汇总各类对象的时间分布。图 4.30 中举例示意了不同空间内多类人地互动对象的时间分布运算。

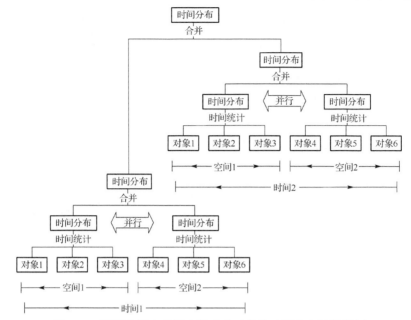

图 4.29　不同空间内某类人地互动对象的时间分布运算举例

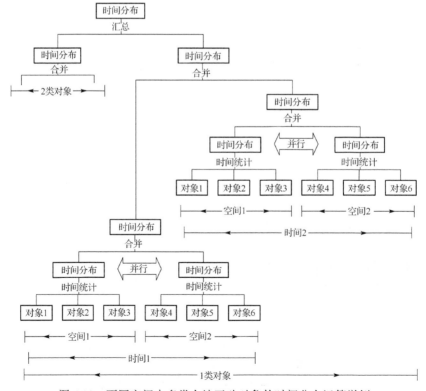

图 4.30　不同空间内多类人地互动对象的时间分布运算举例

4.5 单个时间段全局存储空间下人地互动大数据操作

在不区分处理空间、备用空间、潜在空间的前提下，只考虑单个时间段，人地互动大数据时空模型的人地互动大数据操作可由人地互动并行时空数据模型的基本数据操作(以下简称基本数据操作)组成，包括同一人地互动时空数据集同一基本数据操作、同一人地互动时空数据集多个基本数据操作、同一基本数据操作多个人地互动时空数据集、多个基本数据操作多个人地互动时空数据集、混合人地互动大数据操作。

1)同一人地互动时空数据集同一基本数据操作
基本数据操作本身对人地互动时空数据集的处理是并行的，如图 4.31 所示。

图 4.31 同一人地互动时空数据集同一基本数据操作举例

2)同一人地互动时空数据集多个基本数据操作
多个基本数据操作对同一人地互动时空数据集的处理是任务并行的。各基本数据操作本身对人地互动时空数据集的处理也是并行的。两者构成了多级并行的关系，如图 4.32 所示。

图 4.32 同一人地互动时空数据集多个基本数据操作举例

3)同一基本数据操作多个人地互动时空数据集
同一基本数据操作对多个人地互动时空数据集的处理是人地互动数据并行的。基本数据操作本身对各人地互动时空数据集的处理也是并行的。两者构成了多级并行的关系，如图 4.33 所示。

图 4.33 同一基本数据操作多个人地互动时空数据集举例

4) 多个基本数据操作多个人地互动时空数据集

多个基本数据操作对多个人地互动时空数据集的处理是任务并行的。基本数据操作本身对各人地互动时空数据集的处理也是并行的。两者构成了多级并行的关系，如图 4.34 所示。

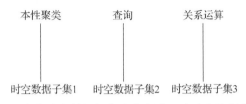

图 4.34　多个基本数据操作多个人地互动时空数据集举例

5) 混合人地互动大数据操作

由同一人地互动时空数据集同一基本数据操作、同一人地互动时空数据集多个基本数据操作、同一基本数据操作多个人地互动时空数据集、多个基本数据操作多个人地互动时空数据集中两种或两种以上混合而成，其总体上是任务并行的。其中，各人地互动大数据操作及基本数据操作本身对各人地互动时空数据集的处理也是并行的。三者构成了多级并行的关系，如图 4.35 所示。

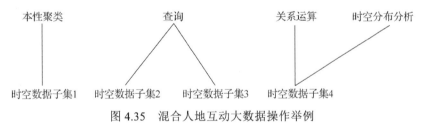

图 4.35　混合人地互动大数据操作举例

4.6　单个时间段多级存储空间下人地互动大数据操作

在区分处理空间、备用空间、潜在空间时，所操作的不同人地互动数据集可以处于不同的存储空间，有以下几条原则可以参考。

1) 不常操作的人地互动数据集放在潜在空间

不常操作的人地互动数据集也可能会用上，所以不能删除，但如果存在处理空间和备用空间会带来很大的开销，因此不常操作的人地互动数据集放在潜在空间，能降低存储成本，因为潜在空间的成本低。不管各人地互动数据集存在哪个存储空间，需要执行相应操作时，都需要将相应人地互动数据调到处理空间进行处理，如图 4.36 所示。

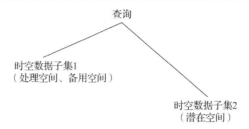

图 4.36　潜在空间使用原则举例

2) 各级存储空间的人地互动大数据集流动

各人地互动大数据操作的频率会在不同的时间段发生变化, 例如, 某个时间段查询频率最高, 而在下一个时间段可能关系运算频率最高。一般操作频率最高的人地互动数据集放在处理空间, 操作频率不高不低的人地互动数据集放在备用空间, 频率最低的人地互动数据集放在潜在空间。不管各人地互动数据集存在哪个存储空间, 需要执行相应操作时, 都需要将相应人地互动数据调到处理空间进行处理, 如图 4.37 所示。

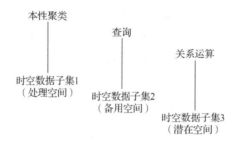

图 4.37　各级存储空间的人地互动大数据集流动举例

4.7　多个时间段人地互动大数据操作

各时间段人地互动大数据时空模型所操作的人地互动数据集在存储空间中的位置可以因为不同操作频率的变化而发生变化; 各时间段人地互动大数据时空模型的人地互动大数据操作本身也可以发生变化。

1) 存储空间的变化

某个人地互动数据子集可以从一个时间段的处理空间过渡到另一个时间段的备用空间或跃迁到另一个时间段的潜在空间; 某个人地互动数据子集可以从一个时间段的备用空间过渡到另一个时间段的处理空间或潜在空间; 某个人地互动数据子集可以从一个时间段的潜在空间过渡到另一个时间段的备用空间或跃迁到另一个时间段的处理空间。不管各人地互动数据集存在哪个存储空间, 需要执行相应操作时, 都需要将相应人地互动数据调到处理空间进行处理, 如图 4.38 所示。

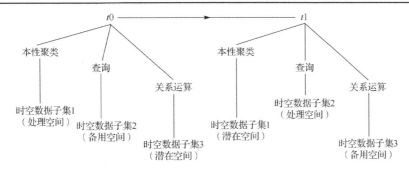

图 4.38　存储空间的变化举例

2) 人地互动大数据操作的变化

人地互动大数据操作的变化包括：各操作与各人地互动数据子集之间的对应关系发生了变化；人地互动数据集上的操作发生了变化；对应关系和操作都发生了变化。

人地互动大数据操作发生变化的原因有三种。

其一，随着时间的推移，采集到的人地互动大数据更为丰富，可以采用更为高级的操作方法，例如，在第一个时间段，因为没有对比时间，无法进行时间关系运算，但可以进行空间关系运算，从第二个时间段开始就能进行时间关系运算了，如图 4.39 所示。

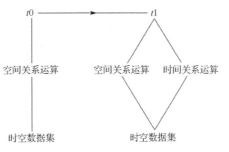

图 4.39　人地互动大数据操作的升级举例

其二，用户兴趣或应用需求在不同时间段的不同，导致人地互动数据集上的相应操作发生了变化，如图 4.40 所示。

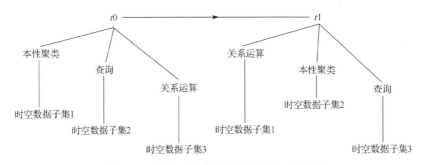

图 4.40　人地互动大数据操作的变化举例

　　其三，随着时间的推移，前期人地互动大数据操作所产生的人地互动数据集上又可以进行新的人地互动大数据操作。例如，地理信息系统[34]搜索引擎[35]的人地互动数据集由地理信息人地互动大数据组成，但随着时间的积累，地理信息系统搜索引擎的用户人地互动大数据又可以形成新的人地互动数据集，在新的人地互动数据集上又可以进行一系列的人地互动大数据操作，如查询，如图 4.41 所示。

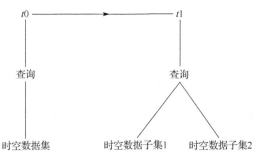

图 4.41　人地互动时空数据集的变化举例

第 5 章　人地互动大数据可信采集与管理

对数据进行采集[36]时,如对大数据进行采集[37],传统的方法通常只是根据系统或数据库指定需要的数据类型进行采集后,直接将被采集数据存入系统或数据库以备用。例如,存放语言信息的语言数据库需要某个字词的正确释义或发音时,直接采集有这个字词释义或发音的语言信息放入语言数据库[38],而不会检验被采集的语言信息对该字词的释义或发音是否正确。对于被采集数据的来源可信度不明确的情况,这种传统的基于群体可信度的人地互动语言大数据可信采集与管理方法不会对数据的正确性进行检验,采集正确率低。

针对上述问题,有必要提供一种提高采集正确率的人地互动大数据可信采集方法和系统。

5.1　基于样本知识库的人地互动大数据可信采集

提供一种提高采集正确率的基于样本知识库的人地互动大数据可信采集方法和系统,通过获取采集条件,并根据采集条件获取目标数据,然后从知识库[39]获取对应目标数据的样本数据[40],根据目标数据和样本数据判断目标数据是否可信,在目标数据可信[41]时采集目标数据存入目标数据库或大数据存储库。如此,可以根据知识库中的样本数据对目标数据进行正确性验证,在判定目标数据可信时才进行采集,避免采集到错误数据,提高数据采集的正确率。

5.1.1　基于样本知识库的人地互动大数据可信采集方法

人地互动大数据指无法在可承受的时间范围内用常规软件工具进行捕捉、管理和处理的人地互动数据集合,具有数量巨大,难以收集、处理、分析等特点。

普通人地互动大数据指非人地互动大数据。

知识库是采用某种(或若干)知识表示方式在计算机存储器中存储、组织、管理和使用的互相联系的知识片集合。这些知识片包括与领域相关的理论知识、事实人地互动大数据、由专家经验得到的启发式知识,如某领域内有关的定义、定理和运算法则以及常识性知识等。样本人地互动大数据指知识库中存储的标准人地互动大数据。

图 5.1 所示为一种基于样本知识库的人地互动大数据可信采集方法,基于知识库、面向人地互动大数据及普通人地互动大数据实现,包括以下步骤。

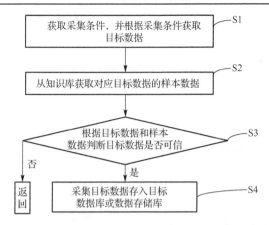

图 5.1　基于样本知识库的人地互动大数据可信采集方法的流程图

（1）步骤 S1：获取采集条件，并根据采集条件获取目标人地互动大数据。

其中，采集条件指用于指定需要采集人地互动大数据特征的信息，采集条件包括采集对象和采集属性。根据采集条件可以获取符合该采集条件的目标人地互动大数据。目标人地互动大数据可以是人地互动大数据或普通人地互动大数据。

采集人地互动大数据为语音人地互动大数据，以采集条件为某个指定字词的文本信息和/或语音信息为例，语音信息包括普通话发音信息、某种方言发音信息等，针对语音信息的采集条件中，采集对象即指需要被获取语音的某个指定字词，采集属性即指语音类别，包括文本信息、普通话发音信息、某种方言发音信息等。对应地，根据该采集条件获取的目标人地互动大数据包括该指定字词的文本信息和/或语音信息。

（2）步骤 S2：从知识库获取对应目标人地互动大数据的样本人地互动大数据。

样本人地互动大数据为标准人地互动大数据，可以用于检验目标人地互动大数据的准确度。

（3）步骤 S3：根据目标人地互动大数据和样本人地互动大数据判断目标人地互动大数据是否可信。若是，则执行步骤 S4。

（4）步骤 S4：采集目标人地互动大数据存入目标人地互动大数据库或人地互动大数据存储库。

其中，目标人地互动大数据库指用于存储普通人地互动大数据的传统人地互动大数据库，如关系型[42]人地互动大数据库；人地互动大数据存储库指用于存储人地互动大数据的存储库。当采集的人地互动大数据为结构化人地互动大数据时，存入目标人地互动大数据库；采集的人地互动大数据为非结构化人地互动大数据时，存入人地互动大数据存储库。

通过判断目标人地互动大数据是否可信，在人地互动大数据采集之前进行正确性验证，提高人地互动大数据采集的正确率。例如，目标人地互动大数据为某字词的文本信息和/或语音信息，采集目标人地互动大数据存入语言人地互动大数据库。

(5) 步骤 S2 包括：从目标人地互动大数据中选取待对比人地互动大数据，并从知识库中获取采集条件与待对比人地互动大数据相同的标准人地互动大数据作为样本人地互动大数据。

具体地，步骤 S2 可以选取多个目标人地互动大数据中的一部分人地互动大数据作为待对比人地互动大数据，也可以选取所有的目标人地互动大数据作为待对比人地互动大数据。例如，获取的目标人地互动大数据为某 100 个字词的粤语发音信息，则可以选取其中的 5 个字词作为待对比人地互动大数据，从知识库中获取该 5 个字词的标准粤语发音信息作为样本人地互动大数据；也可以将所有的 100 个字词作为待对比人地互动大数据，从知识库中获取该 100 个字词的标准粤语发音信息作为样本人地互动大数据。

对应地，步骤 S3 包括步骤 S3-1 和步骤 S3-2。

步骤 S3-1：分别提取待对比人地互动大数据与样本人地互动大数据的预设特征。

其中，预设特征可以根据目标人地互动大数据的采集条件进行选择。例如，预设特征为采集条件中指定字词的文本信息和/或语音信息。

步骤 S3-2：判断待对比人地互动大数据的预设特征与样本人地互动大数据的预设特征之间的匹配度是否大于或等于预设值。若是，判定目标人地互动大数据可信。

其中，预设值可以根据需要的人地互动大数据采集正确率进行具体设置。

通过将目标人地互动大数据中几个或全部人地互动大数据与对应的样本人地互动大数据进行对比，判断目标人地互动大数据与样本人地互动大数据预设特征的相似度是否满足要求，从而对目标人地互动大数据进行正确性验证，提高人地互动大数据采集的正确率。

5.1.2　基于样本知识库的人地互动大数据可信采集系统

图 5.2 所示为一种基于样本知识库的人地互动大数据可信采集系统，基于知识库、面向人地互动大数据及普通人地互动大数据实现，包括目标人地互动大数据获取模块 1、样本人地互动大数据获取模块 2、人地互动大数据分析模块 3 和人地互动大数据采集模块 4。

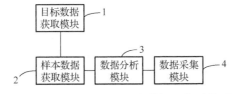

图 5.2　基于样本知识库的人地互动大数据可信采集系统的模块图

（1）目标人地互动大数据获取模块 1 用于获取采集条件，并根据采集条件获取目标人地互动大数据。

（2）样本人地互动大数据获取模块 2 用于从知识库获取对应目标人地互动大数据的样本人地互动大数据。

（3）人地互动大数据分析模块 3 用于根据目标人地互动大数据和样本人地互动大数据判断目标人地互动大数据是否可信。

（4）人地互动大数据采集模块 4 用于在目标人地互动大数据可信时，采集目标人地互动大数据存入目标人地互动大数据库或人地互动大数据存储库。

样本人地互动大数据获取模块 2 具体用于：从目标人地互动大数据中选取待对比人地互动大数据，并从知识库中获取采集条件与待对比人地互动大数据相同的标准人地互动大数据作为样本人地互动大数据。

如图 5.3 所示，人地互动大数据分析模块 3 包括样本采集人地互动大数据获取单元 3-1、特征提取单元 3-2 和匹配度分析单元 3-3。

图 5.3　人地互动大数据分析模块的单元图

样本采集人地互动大数据获取单元 3-1 用于获取提供目标人地互动大数据的被采集对象，并获取被采集对象提供的采集对象和采集属性均与样本人地互动大数据相同的人地互动大数据作为样本采集人地互动大数据。

特征提取单元 3-2 用于分别提取样本采集人地互动大数据和样本人地互动大数据的预设特征。

匹配度分析单元 3-3 用于判断样本采集人地互动大数据的预设特征与样本人地互动大数据的预设特征之间的匹配度是否大于或等于预设值，并在匹配度大于或等于预设值时，判定目标人地互动大数据可信。

5.2　基于个体可信度的人地互动语言大数据可信采集与管理

提供一种可以提高数据采集正确率的基于个体可信度的人地互动语言大数据可信采集与管理方法和系统，获取目标数据以及对应目标数据的个体可信度后，判断个体可信度是否大于或等于预设值，在个体可信度大于或等于预设值时采集目标数据存入目标数据库或大数据存储库。如此，可以根据个体可信度和预设值对目标数据进行筛选，当个体可信度大于或等于预设值时才采集对应的目标数据，避免采集到不可靠的数据，提高数据采集的正确率。

5.2.1　基于个体可信度的人地互动语言大数据可信采集与管理方法

图 5.4 所示为一种基于个体可信度的人地互动语言大数据可信采集与管理方法，面向大数据及普通数据，包括以下步骤。

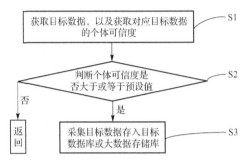

图 5.4　基于个体可信度的人地互动语言大数据可信采集与管理方法的流程图

（1）步骤 S1：获取目标数据，以及获取对应目标数据的个体可信度。

目标数据指待采集的大数据或普通数据，可以是根据指定的采集条件获取目标数据，也可以是用户上传数据后自动获取以作为目标数据。

目标数据包括文本信息和/或语音信息。例如，可以是某个字词的文本信息、普通话发音信息、某种方言发音信息等。

个体可信度指作为个体的人或事物被信赖的程度，是根据经验对作为个体的人或事物为真的相信程度。

步骤 S1 具体包括步骤 S1-1 和步骤 S1-2。

步骤 S1-1：获取目标数据及提供目标数据的被采集对象的身份信息。

被采集对象的身份信息指用于识别被采集对象身份的信息。每一个被采集对象对应唯一的身份信息。被采集对象为人，即目标数据由被采集人提供。例如，目标数据为某字词的语音信息，该语音信息由用户 A 录制，则用户 A 为该目标数据的被采集对象。具体地，被采集对象的身份信息为被采集人的身份证号码。被采集对象也可以是网站等，对应地，被采集对象的身份信息为网址。

步骤 S1-2：根据身份信息查找被采集对象的可信度，将被采集对象的可信度作为对应目标数据的个体可信度。

例如，目标数据包括某字词的文本信息和/或语音信息，步骤 S1-2 具体为从语言数据库获取被采集对象的可信度。其中，语言数据库包括多个文本信息和/或语音信息、每个文本信息和/或语音信息的被采集对象的身份信息、每个身份信息的可信度，并且包括文本信息和/或语音信息、身份信息以及可信度之间的关联关系。

个体可信度也可以是对应目标数据预先存储，即每一个目标数据对应一个个体可信度，只要获取了目标数据，即可根据关联性对应获取个体可信度。

（2）步骤 S2：判断个体可信度是否大于或等于预设值。若否，则表示当前获取的该目标数据不满足要求，可能为错误数据，不采集；若是，则执行步骤 S3。

其中，预设值可以根据需要的数据采集正确率进行具体设置。预设值为 0.6。若对数据采集正确率要求较高，则适当增加预设值，如 0.8；若对数据采集正确率要求较低，则适当减小预设值，如 0.5。

（3）步骤 S3：采集目标数据存入目标数据库或大数据存储库。

其中，目标数据库指用于存储普通数据的传统数据库，如关系型数据库；大数据存储库指用于存储大数据的存储库。当采集的数据为普通数据时，存入目标数据库，当采集的数据为大数据时，存入大数据存储库。

例如，目标数据为某字词的文本信息和/或语音信息，采集目标数据存入语言数据库。

将个体可信度大于或等于预设值的目标数据采集存入目标数据库或大数据存储库，根据个体可信度对目标数据进行筛选，可以提高数据采集的正确率。

（4）如图 5.5 所示，步骤 S1-2 包括步骤 S1-2-1～步骤 S1-2-4。

步骤 S1-2-1：根据身份信息判断目标数据库或大数据存储库中是否存在对应被采集对象的初始可信度。若是，则执行步骤 S1-2-2；若否，则执行步骤 S1-2-3。

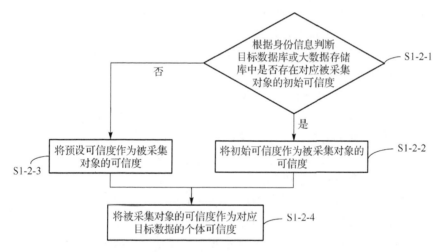

图 5.5　根据身份信息查找被采集对象的可信度，将被采集对象的
可信度作为对应目标数据的个体可信度的流程图

步骤 S1-2-2：将初始可信度作为被采集对象的可信度。

步骤 S1-2-3：将预设可信度作为被采集对象的可信度。

步骤 S1-2-4：将被采集对象的可信度作为对应目标数据的个体可信度。

预设可信度可以根据实际情况具体设置。预设可信度为 0.5。

　　判断是否存在被采集对象的初始可信度，若否，则默认预设可信度作为被采集对象的可信度，可以保证每一个被采集人都对应一个可信度，从而避免出现目标数据不存在对应的个体可信度的情况。

　　(5) 步骤 S3 之后，如图 5.6 所示，还包括步骤 S4 和步骤 S5。

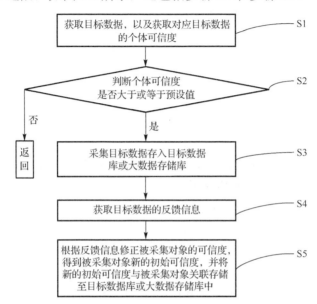

图 5.6　基于个体可信度的人地互动语言大数据可信采集与管理方法的扩展流程图

　　步骤 S4：获取目标数据的反馈信息。

　　其中，反馈信息指用户对目标数据是否正确的反馈。例如，反馈信息可以包括"正确"或类似含义的信息，以及"错误"或类似含义的信息。

　　步骤 S5：根据反馈信息修正被采集对象的可信度[43]，得到被采集对象新的初始可信度，并将新的初始可信度与被采集对象关联存储至目标数据库或大数据存储库中。

　　通过以用户的反馈为依据对被采集对象的初始可信度进行修正，可以及时提高初始可信度的准确性，可以给后续数据采集提供更准确的参考，提高数据采集的正确率。

　　反馈信息的类型包括正反馈[44]和负反馈[45]。例如，"正确"表示正反馈，"错误"表示负反馈。如图 5.7 所示，步骤 S5 中根据反馈信息修正被采集对象的可信度，得到被采集对象新的初始可信度的步骤包括步骤 S5-1～步骤 S5-3。

　　步骤 S5-1：判断反馈信息的类型是否为正反馈。若是，表示该目标数据正确，执行步骤 S5-2，若否，表示目标数据错误，反馈信息的类型为负反馈，执行步骤 S5-3。

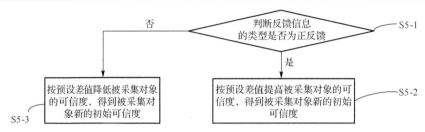

图 5.7　根据反馈信息修正被采集对象的可信度，得到被采集对象新的初始可信度的流程图

步骤 S5-2：按预设差值提高被采集对象的可信度，得到被采集对象新的初始可信度。

步骤 S5-3：按预设差值降低被采集对象的可信度，得到被采集对象新的初始可信度。

预设差值可以根据实际情况具体设置。例如，预设差值为 0.1。因此，每获得一次正反馈，对应被采集对象的初始可信度在原来的基础上提高 0.1；每获得一次负反馈，对应被采集对象的初始可信度在原来的基础上降低 0.1。

初始可信度大于等于 0 且小于等于 1。步骤 S5-2 具体为

$$Y=\min(1,(X+0.1))$$

步骤 S5-3 具体为

$$Y=\max(0,(X-0.1))$$

其中，X 为修正之前被采集对象的初始可信度；Y 为修正之后被采集对象的初始可信度。

(6) 步骤 S5 之后，还包括步骤 S6～步骤 S9。

步骤 S6：获取目标数据的反馈信息。

步骤 S7：根据反馈信息修正个体可信度得到新的个体可信度。

步骤 S8：判断新的个体可信度是否大于或等于预设值。若否，则执行步骤 59。

步骤 S9：删除目标数据。

以反馈信息为依据，对采集之后的目标数据对应的个体可信度进行修正，若修正之后的新的个体可信度小于预设值，则表示该目标数据不符合要求，将其删除，从而对目标数据库或大数据存储库进行及时清理，提高目标数据库或大数据存储库存储数据的整体合格率。

5.2.2　基于个体可信度的人地互动语言大数据可信采集与管理系统

图 5.8 所示为一种基于个体可信度的人地互动语言大数据可信采集与管理系统，面向大数据及普通数据，包括数据获取模块 1、可信度分析模块 2 和数据采集模块 3。

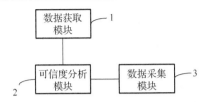

图 5.8　基于个体可信度的人地互动语言大数据可信采集与管理系统的模块图

(1)数据获取模块 1 用于获取目标数据，以及获取对应目标数据的个体可信度。数据获取模块 1 包括目标及身份获取单元和可信度获取单元。

目标及身份获取单元用于获取目标数据及提供目标数据的被采集对象的身份信息。

可信度获取单元用于根据身份信息查找被采集对象的可信度，将被采集对象的可信度作为对应目标数据的个体可信度。

(2)可信度分析模块 2 用于判断个体可信度是否大于或等于预设值。若否，则表示当前获取的该目标数据不满足要求，可能为错误数据，不采集；若是，则表示获取的该目标数据满足要求。

(3)数据采集模块 3 用于在个体可信度大于或等于预设值时，采集目标数据存入目标数据库或大数据存储库。其中，目标数据库指用于存储普通数据的传统数据库，如关系型数据库；大数据存储库指用于存储大数据的存储库。当采集的数据为普通数据时，存入目标数据库，当采集的数据为大数据时，存入大数据存储库。

可信度获取单元具体用于根据身份信息判断目标数据库或大数据存储库中是否存在被采集对象的初始可信度，若存在被采集对象的初始可信度，将初始可信度作为被采集对象的可信度，否则，将预设可信度作为被采集对象的可信度，以及用于将被采集对象的可信度作为对应目标数据的个体可信度。

(4)如图 5.9 所示，上述基于个体可信度的人地互动语言大数据可信采集与管理系统还包括反馈信息获取模块 4 和可信度修正模块 5。

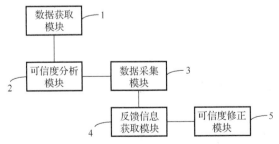

图 5.9　基于个体可信度的人地互动语言大数据可信采集与管理系统的扩展模块图

反馈信息获取模块 4 用于获取目标数据的反馈信息。

可信度修正模块 5 用于根据反馈信息修正被采集对象的可信度，得到被采集对象新的初始可信度，并将新的初始可信度与被采集对象关联存储至目标数据库或大数据存储库中。

参考图 5.10，可信度修正模块 5 包括反馈信息判断单元 5-1、可信度提高单元 5-2、可信度降低单元 5-3 和数据存储单元 5-4。

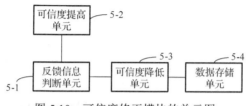

图 5.10　可信度修正模块的单元图

反馈信息判断单元 5-1 用于判断反馈信息的类型是否为正反馈。若是，表示该目标数据正确；若否，表示反馈信息的类型为负反馈，目标数据错误。

可信度提高单元 5-2 用于在反馈信息的类型为正反馈时，按预设差值提高被采集对象的可信度，得到被采集对象新的初始可信度。

可信度降低单元 5-3 用于在反馈信息的类型为负反馈时，按预设差值降低被采集对象的可信度，得到被采集对象新的初始可信度。

数据存储单元 5-4 用于将新的初始可信度与被采集对象关联存储至目标数据库或大数据存储库中。将修正后的初始可信度与被采集对象关联存储，便于后续使用。

5.3　基于群体可信度的人地互动语言大数据可信采集与管理

提供一种提高采集正确率的基于群体可信度的人地互动语言大数据可信采集与管理方法和系统，通过获取采集条件，根据采集条件获取多个目标数据后，对目标数据进行分类得到数据群体；然后分别获取对应各目标数据的个体可信度，并根据个体可信度获取数据群体的群体可信度；判断群体可信度是否大于或等于预设值，若是，则采集数据群体中对应的目标数据存入目标数据库或大数据存储库。如此，根据群体可信度和预设值对目标数据组成的数据群体进行筛选，当群体可信度大于或等于预设值时才采集对应的目标数据，避免采集到不可靠的数据，提高数据采集的正确率。

5.3.1　基于群体可信度的人地互动语言大数据可信采集与管理方法

图 5.11 所示为一种基于群体可信度的人地互动语言大数据可信采集与管理方法，基于可信度、面向大数据及普通数据实现，包括以下步骤。

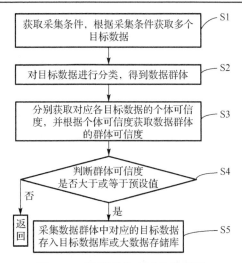

图 5.11　数据采集方法的流程图

（1）步骤 S1：获取采集条件，根据采集条件获取多个目标数据。

采集条件指用于指定需要采集数据特征的信息，包括对象和属性。根据采集条件可以获取同时符合该采集条件的多个目标数据。目标数据可以是大数据或普通数据。

采集条件为某个指定字词的文本信息、普通话发音信息、某种方言发音信息等，即对象为某个指定字词，属性包括文本信息、普通话发音信息、某种方言发音信息等。对应地，根据该采集条件获取的目标数据包括文本信息和/或语音信息。目标数据可以为多个，例如，用户 A、用户 B 和用户 C 均录制有某同一字词的语音，采集条件为该字词的语音信息时，对应采集用户 A、用户 B 和用户 C 录制的语音得到多个目标数据。

（2）步骤 S2：对目标数据进行分类，得到数据群体。

步骤 S2 包括步骤 S2-1 和步骤 S2-2。

步骤 S2-1：提取目标数据的预设特征。

其中，预设特征可以根据目标数据的采集条件进行选择。例如，预设特征为采集条件中指定字词的文本信息和/或语音信息。

步骤 S2-2：将预设特征的匹配度大于或等于预设匹配度的目标数据作为一个数据群体。

其中，预设匹配度可以根据实际情况进行选择。预设特征匹配度大于或等于预设匹配度，则表示对应的目标数据的预设特征较相似，可以归为一类。根据预设特征的匹配度分类，便于对相似目标数据进行统一处理，提高多数据采集的效率。

(3)步骤 S3：分别获取对应各目标数据的个体可信度，并根据个体可信度获取数据群体的群体可信度。

因为一个数据群体中的每个目标数据的预设特征较相似，所以一个数据群体中的每个目标数据的真实可信度类似，因此一个数据群体中的群体可信度可以代表该数据群体中每个目标数据的真实可信度。

步骤 S3 中分别获取对应各目标数据的个体可信度的步骤包括步骤 S3-1 和步骤 S3-2。

步骤 S3-1：分别根据各目标数据获取提供目标数据的被采集对象的身份信息。

步骤 S3-2：根据身份信息查找被采集对象的可信度，将被采集对象的可信度作为对应目标数据的个体可信度。

步骤 S3 中根据个体可信度获取数据群体的群体可信度的步骤包括：计算数据群体中所有目标数据的个体可信度的平均值，得到数据群体的群体可信度。

例如，某一数据群体中各目标数据的个体可信度分别为 0.5、0.4、0.6、1，则该数据群体的群体可信度=(0.5+0.4+0.6+1)/4=0.625。还可以采用其他的计算方式获取群体可信度。

(4)步骤 S4：判断群体可信度是否大于或等于预设值。若否，则表示当前获取的该数据群体不满足要求，可能为错误数据群体，不采集；若是，则执行步骤 S5。

(5)步骤 S5：采集数据群体中对应的目标数据存入目标数据库或大数据存储库。

步骤 S5 包括：采集数据群体中包含的所有目标数据存入目标数据库或大数据存储库。

通过采集群体可信度大于或等于预设值的数据群体中所有的目标数据，在验证数据正确性的同时实现多数据采集，提高数据采集效率。

步骤 S5 还包括：查找数据群体中个体可信度最高的目标数据，并存入目标数据库或大数据存储库。

通过采集群体可信度大于或等于预设值的数据群体中个体可信度最高的目标数据，选择一个最优的目标数据，可最大程度地提高数据采集的正确率。

(6)步骤 S3-2 包括步骤 S3-2-1～步骤 S3-2-4。

步骤 S3-2-1：根据身份信息判断目标数据库或大数据存储库中是否存在被采集对象的初始可信度。若是，则执行步骤 S3-2-2；若否，则执行步骤 S3-2-3。

步骤 S3-2-2：将初始可信度作为被采集对象的可信度。

步骤 S3-2-3：将预设可信度作为被采集对象的可信度。

步骤 S3-2-4：将被采集对象的可信度作为对应目标数据的个体可信度。

(7)如图 5.12 所示，步骤 S5 之后，还包括步骤 S6 和步骤 S7。

步骤 S6：获取目标数据的反馈信息。

步骤 S7：根据反馈信息修正被采集对象的可信度，得到被采集对象新的初始可信度，并将新的初始可信度与被采集对象关联存储至目标数据库或大数据存储库中。

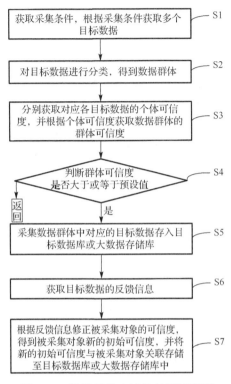

图 5.12　数据采集方法的扩展流程图

步骤 S7 中根据反馈信息修正被采集对象的可信度，得到被采集对象新的初始可信度的步骤包括步骤 S7-1～步骤 S7-3。

步骤 S7-1：判断反馈信息的类型是否为正反馈。若是，表示该目标数据正确，执行步骤 S7-2；若否，表示反馈信息的类型为负反馈，目标数据错误，执行步骤 S7-3。

步骤 S7-2：按预设差值提高被采集对象的可信度，得到被采集对象新的初始可信度。

步骤 S7-3：按预设差值降低被采集对象的可信度，得到被采集对象新的初始可信度。

5.3.2　基于群体可信度的人地互动语言大数据可信采集与管理系统

图 5.13 所示为一种基于群体可信度的人地互动语言大数据可信采集与管理系统，基于可信度、面向大数据和普通数据实现，包括数据获取模块 1、数据分类模块 2、群体可信度计算模块 3、可信度分析模块 4 和数据采集模块 5。

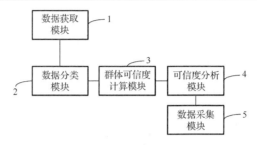

图 5.13　数据采集系统的模块图

（1）数据获取模块 1 用于获取采集条件，根据采集条件获取多个目标数据。

（2）数据分类模块 2 用于对目标数据进行分类，得到数据群体。

数据分类模块 2 具体用于：提取目标数据的预设特征，将预设特征的匹配度大于或等于预设匹配度的目标数据作为一个数据群体。

（3）群体可信度计算模块 3 用于分别获取对应各目标数据的个体可信度，并根据个体可信度获取数据群体的群体可信度。

群体可信度计算模块 3 包括身份信息获取单元、个体可信度获取单元和计算单元。

其中，计算单元用于根据个体可信度获取数据群体的群体可信度。

计算单元具体用于计算数据群体中所有目标数据的个体可信度的平均值，得到数据群体的群体可信度。

（4）可信度分析模块 4 用于判断群体可信度是否大于或等于预设值。若否，则表示当前获取的该数据群体的正确率不满足要求，可能为错误数据群体，不采集；若是，则表示该数据群体的正确率满足要求。

（5）数据采集模块 5 用于在群体可信度大于或等于预设值时，采集数据群体中对应的目标数据存入目标数据库或大数据存储库。

（6）如图 5.14 所示，上述数据采集系统还包括反馈信息获取模块 6 和可信度修正模块 7。

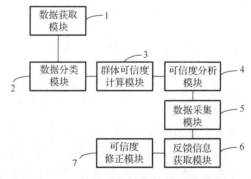

图 5.14　数据采集系统的扩展模块图

反馈信息获取模块 6 用于获取目标数据的反馈信息。

可信度修正模块 7 用于根据反馈信息修正被采集对象的可信度，得到被采集对象新的初始可信度，并将新的初始可信度与被采集对象关联存储至目标数据库或大数据存储库中。

可信度修正模块 7 包括反馈信息判断单元 7-1、可信度提高单元 7-2、可信度降低单元 7-3 和数据存储单元 7-4。

第6章　人地互动领域大数据采集与管理

不同领域会产生不同类型的人地互动大数据，例如，在方言领域[46]就会产生人地互动语言大数据，在旅游领域[47]或地理调查领域[48]或摄影领域[49]就会产生人地互动照片大数据和人地互动视频大数据。

6.1　人地互动语言大数据的采集与管理

语言采集的过程就是人地互动的过程，采集过程就是人对地的语言表达，语言就是人对地感受的客观结果，不同的人语言发音和表示不同，就是因为不同人与地的交互不同，受地域及相关环境的影响。语言取决于地对人作用，以及人对地的反馈。采集与管理大量的人在很长时间内对大范围的地采用的语言，就形成了人地互动语言大数据，这种语言大数据[50]产生于人地的互动中，又会反作用于人地互动，因为一个人对地的语言表达会影响另一个人对地的感受。在下面的部分，不会刻意去提大数据这个词，但大数据是由下述这些采集到的数据所构成，或者说人地互动语言大数据是由人地互动过程中的语言数据在广泛人群中大范围长时间地积累而成。

传统的人地互动语言大数据的采集与管理系统，需要用户指定采集的语言类型，或者自动检测少数几种通用的国际语言的类型。当用户不清楚需要采集的语言类型时，如用户到某地旅游或出差，与当地人交流时，想采集当地人的方言，用户不一定知道当地的方言类型，此时用户无法指定需要采集的语言类型；或者当用户需要采集的语言不在人地互动语言大数据的采集与管理系统能自动检测的语言类型之内，如用户到某地旅游或出差，与当地人交流时，想采集当地人的方言，当地方言类型不在采集系统自动检测的语言类型之内，则采集系统[51]就会检测失败。这两种情况都会导致用户对该语言的采集失败，无法满足用户对各种语言的采集需求。

鉴于此，有必要针对以上问题提供一种能够满足用户对各种语言采集需求的人地互动语言大数据的采集与管理方法及系统，根据被采集人所在位置的地理位置信息自动获得需要采集的语言信息的语言类型，无须用户指定输入的语言信息的语言类型，也无须系统自动检测少数几种通用的国际语言类型，就能获得语言信息的语言类型，使得用户的语言采集成功，克服传统语言采集系统易导致用户对语言采集失败的缺陷，满足用户对各种语言的采集需求。

6.1.1　人地互动语言大数据的采集与管理方法

如图 6.1 所示，提供了一种人地互动语言大数据的采集与管理方法，该方法包括以下步骤。

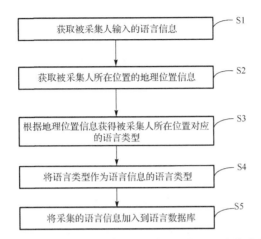

图 6.1　人地互动语言大数据的采集与管理方法的流程图

（1）步骤 S1：获取被采集人输入的语言信息。

（2）步骤 S2：获取被采集人所在位置的地理位置信息。

（3）步骤 S3：根据地理位置信息获得被采集人所在位置对应的语言类型。

（4）步骤 S4：将语言类型作为语言信息的语言类型。

（5）步骤 S5：根据语言类型将采集的语言信息加入到相应的语言数据库中。

其中，语言采集是对语言的语音、文本等的标本和资料的采集。例如，普通话语音标本的采集、普通话文本标本的采集；藏语方言[53]语音标本的采集、藏语方言文本标本的采集；法语语音标本的采集、法语文本标本的采集等。

（6）如图 6.2 所示，步骤 S2 包括步骤 S2-1。

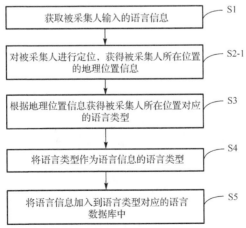

图 6.2　人地互动语言大数据的采集与管理方法的扩展流程图

步骤 S2-1：对被采集人进行定位，获得被采集人所在位置的地理位置信息。

获取被采集人所在位置的地理位置信息[54]：在被采集人不知其所在的具体地理位置信息时，可以采用移动定位系统，如全球定位系统(global positioning system, GPS)[55]对其进行移动定位[56]，从而获得被采集人准确的所在位置。当然，若被采集人知道自己的所在位置，也可直接输入其所在的地理位置信息。

其中，被采集人所在位置的地理位置信息中包括被采集人所在位置，被采集人的所在位置可以是经纬度，也可以是地名，或者是其他能够标志地理位置的信息形式。

(7)如图 6.3 所示，步骤 S3 包括步骤 S3-1～步骤 S3-3。

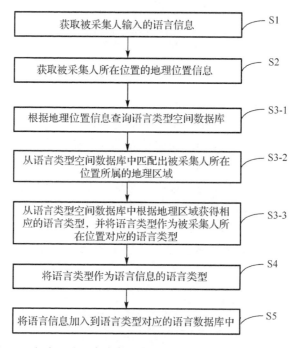

图 6.3　人地互动语言大数据的采集与管理方法的详细流程图

步骤 S3-1：根据地理位置信息查询语言类型空间数据库[57]。其中，语言类型空间数据库中预存有多个地理区域及地理区域对应的语言类型。

步骤 S3-2：从语言类型空间数据库中匹配出被采集人所在位置所属的地理区域。

步骤 S3-3：从语言类型空间数据库中根据地理区域获得相应的语言类型，并将语言类型作为被采集人所在位置对应的语言类型。

预先建立语言类型空间数据库，该语言类型空间数据库中包括多个地理区域及地理区域对应的语言类型。在获得被采集人所在位置的地理位置信息之后，查询语言类型空间数据库，并从语言类型空间数据库中匹配出地理位置信息对应的地理区域，进而获得被采集人所在位置的语言类型，并将该语言类型作为被采集人输入的语言信息的语言类型，系统自动给出该地理位置的语言信息所属的语言类型，用户无须指定语言信息的语言类型，也无须系统自动检测少数几种通用的国际语言类型，克服传统技术易导致语言采集失败的缺陷，满足用户对各种语言的采集需求。

其中，地理区域包括地理区域对应的地理范围信息，便于确定被采集人所在位置所属的地理区域。

(8)步骤 S3-2 包括步骤 S3-2-1 和步骤 S3-2-2。

步骤 S3-2-1：将被采集人所在位置与语言类型空间数据库中的地理区域的地理范围进行比较。

步骤 S3-2-2：若被采集人所在位置在第一地理区域的地理范围内，则被采集人所在位置所属的地理区域为第一地理区域。

在建立语言类型空间数据库时，为了简化系统设计的复杂度，将具有一定特性的地理范围划分为一个地理区域，在获得被采集人所在位置的地理位置信息后，将地理位置信息与语言类型空间数据库中的地理区域的地理范围进行比较，若该地理位置信息属于某个地理区域的地理范围之内，则将该地理区域作为被采集人所在位置的地理区域，由于每个地理区域都对应有相应的语言类型，因此在获得地理区域之后便能获得相应的语言类型，简单方便。

(9)步骤 S4 之后，还包括步骤 S5。

步骤 S5：将语言信息加入到语言类型对应的语言数据库中。

在得到系统自动给出被采集人在所在位置采集的语言信息对应的语言类型后，将语言信息加入到该语言类型对应的语言数据库中，完成语言信息的采集。

6.1.2　人地互动语言大数据的采集与管理系统

如图 6.4 所示，提供了一种人地互动语言大数据的采集与管理系统，该系统包括：语言信息采集模块 1，用于采集需要采集的语言信息；地理位置信息获取模块 2，用于获取被采集人所在位置的地理位置信息；语言类型获取模块 3，用于根据地理位置信息获得被采集人所在位置对应的语言类型；语言类型作为模块 4，用于将语言类型作为语言信息的语言类型；语言信息加入模块 5，用于将语言信息加入到语言类型对应的语言数据库中。

地理位置信息获取模块 2 包括定位单元 2-1，用于对被采集人进行定位，获得被采集人的所在位置的地理位置信息。

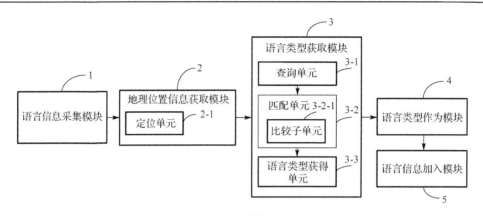

图 6.4　人地互动语言大数据的采集与管理系统的结构示意图

　　语言类型获取模块 3 包括：查询单元 3-1，用于根据地理位置信息查询语言类型空间数据库，其中，语言类型空间数据库中预存有多个地理区域及地理区域对应的语言类型；匹配单元 3-2，用于从语言类型空间数据库中匹配出被采集人所在位置所属的地理区域；语言类型获得单元 3-3，用于从语言类型空间数据库中根据地理区域获得相应的语言类型,并将语言类型作为被采集人所在位置对应的语言类型。其中，地理区域包括地理范围信息。

　　匹配单元 3-2 包括比较子单元 3-2-1,用于将被采集人所在位置与语言类型空间数据库中的地理区域的地理范围进行比较，若被采集人所在位置在第一地理区域的地理范围内，则被采集人所在位置所属的地理区域为第一地理区域。

6.2　人地互动照片大数据采集与管理

　　照片拍摄的过程就是人地互动的过程，拍摄过程就是人对地的观察，照片就是人对地观察的客观结果，不同的人拍摄的对象和结果不同，就是因为不同人对地的观察角度不同，这种观察取决于地对人的作用，以及人对地的反馈。采集与管理大量的人在很长的时间内对大范围的地拍摄的照片，就形成了人地互动照片大数据，这种照片大数据[58]产生于人地互动中，又会反作用于人地互动，因为一个人对地拍摄的照片会影响另一个人对地的感受。在下面的部分，不会刻意去提大数据这个词，但大数据是由下述方式这些采集到的数据所构成，或者说人地互动照片大数据是由人地互动过程中的照片数据在广泛人群中大范围长时间地积累而成。

　　照片的拍摄地点对用户而言具有十分重要的意义，这是因为拍摄的照片与照片的拍摄地点是非常相关的。例如，用户可以根据过去照片的拍摄地点重新回到拍摄地点再去拍摄照片；再如，用户可以根据朋友照片的拍摄地点去该拍摄地点拍摄自己的照片；又如，用户到达某个地点时，可以知道过去是否在这个拍摄地点拍摄过照片。

　　鉴于此，有必要提供一种基于电子地图[59]的人地互动照片大数据采集与管理方法及系统，获取照片的拍摄地点；加载包含有拍摄地点的电子地图；根据拍摄地点确定在电子地图上需要放置图标识的放置位置，并根据放置位置在电子地图上显示图标识；图标识为放置位置上存在照片的标识图案，图标识与照片相互关联。通过该照片拍摄管理方法，可以在电子地图的基础上对各个地理位置拍摄的照片进行直观的管理，可以通过电子地图一目了然地查看各个地理位置上拍摄过的照片，并且可以直观地根据照片的拍摄地点回到此地点拍摄照片。

6.2.1　人地互动照片大数据采集与管理方法

　　如图 6.5 所示，人地互动照片大数据采集与管理方法，包括如下步骤。

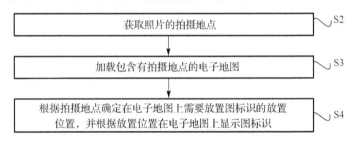

图 6.5　人地互动照片大数据采集与管理方法的流程图

　　（1）步骤 S2：获取照片的拍摄地点。

　　照片的拍摄地点为该照片拍摄时拍摄装置记录的地理位置。记录可以通过移动定位的方式。具体地，可以为 GPS 定位[60]、基站定位[61]、WiFi 定位[62]、IP 定位[63]、RFID/二维码标签识别定位[64]、蓝牙定位[65]、声波定位[66]、场景识别定位等方式。例如，调用智能手机支持的移动定位功能；又如，调用手机上百度地图[67]的自动定位功能。

　　照片既可以是已经存在视频库[68]里的以前拍摄的照片，也可以是当前实时拍摄的照片。

　　（2）步骤 S3：加载包含有拍摄地点的电子地图。

　　加载包含定位位置的电子地图可以通过调用 ARCGIS[69]或 MAPINFO[70]或 GOOGLE EARTH[71]或百度地图或必应地图或其他电子地图或 GIS 系统提供的地图定位接口来实现。

　　（3）步骤 S4：根据拍摄地点确定在电子地图上需要放置图标识的放置位置，并根据放置位置在电子地图上显示图标识。

图标识可以为图片、标签、缩略图或文字符号。显示图标识的方式可以为闪烁显示，提醒用户注意。

图标识与照片相互关联，可以通过图标识对图片进行查看或管理。照片的数量为多个。

(4)步骤 S2 之前，还需要获取预设距离。

预设距离可以为预设设定的多个距离值，用户可根据需要进行选择；预设距离也可以为用户自行设定的任意距离值。用户可根据需要设定预设距离。

照片为实时拍摄照片时，步骤 S2 之前包括步骤 S1。

步骤 S1：获取实时拍摄照片的拍摄装置的当前所在位置作为拍摄地点，并将实时拍摄照片和拍摄地点相互关联。

(5)步骤 S3 之前，还需要获取定位位置及预设距离。

定位位置的获取方式包括：移动定位的方式以及用户输入定位的方式。

其中，移动定位的方式，在此不作赘述。用户输入定位的方式，具体为用户输入定位位置。更具体地，用户可以通过文字输入，或在电子地图上选定的方式输入定位位置。

预设距离大于或等于 0。

用户输入的定位位置为用户想要查看、管理照片的位置。

定位位置为当前所在位置的当前定位位置。如此，用户可以查看在当前所在位置的预设距离范围内的拍摄地点的照片。

(6)如图 6.6 所示，步骤 S3 包括步骤 S3-1～步骤 S3-4。

图 6.6　步骤 S3 的具体流程图

步骤 S3-1：根据定位位置加载以定位位置为中心的预设距离之内的电子地图。

步骤 S3-2：查找电子地图内是否包含照片的拍摄地点。

步骤 S3-3：当电子地图内查找到照片的拍摄地点时，确定电子地图为包含有照片的拍摄地点的电子地图。

步骤 S3-4：当电子地图内未查找到至少一个照片的拍摄地点时，返回获取定位位置及预设距离的步骤。

如此，可以仅关注在用户所定位的位置的预设范围内的拍摄地点是否存在照片，节约系统资源。

(7) 如图 6.7 所示，步骤 S4 之后，还包括步骤 S5～步骤 S8。

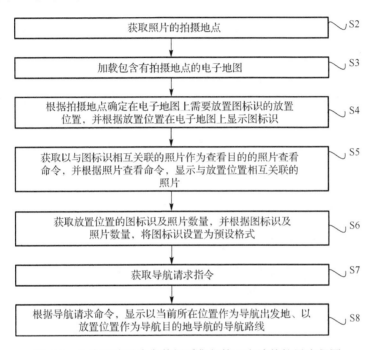

图 6.7　人地互动照片大数据采集与管理方法的扩展流程图

步骤 S5：获取以与图标识相互关联的照片作为查看目的的照片查看命令，并根据照片查看命令，显示与放置位置相互关联的照片。

例如，用户可以通过单击图标识，或者右击并在弹出菜单项里执行查看命令，或者其他操作方式来发送查看以图标识相互关联的照片的照片查看命令。又如，照片查看命令的方式还可以为当照片的拍摄地点在定位位置的预设范围内时，直接触发照片查看命令。

照片的查看方式可以为：同时显示所有拍摄地点为放置位置的照片；按预设顺序依次显示所有拍摄地点为放置位置的照片；将拍摄地点为放置位置的照片，记为待显示照片，显示在放置位置处，可以仅显示预设照片，也可依次或重叠或翻页式地显示所有待显示照片。其中，预设照片为拍摄时间最近或最远的照片；预设照片还可以为用户选定的照片。

步骤 S5 还包括：获取以与照片相互关联的图标识作为查看目的的地图查看命令，并根据地图查看命令，加载电子地图，显示图标识。

例如，可以通过右击照片并执行"查看地图"命令，来查看与照片相互关联的图标识及拍摄路线。

步骤 S6：获取放置位置的图标识及照片数量，并根据图标识及照片数量，将图标识设置为预设格式。

预设格式可以为不同数字或不同颜色或不同颜色深浅的格式，如此，通过图标识可以反映照片的张数。

步骤 S7：获取导航请求指令。

例如，用户可以通过在图标识上进行双击或者其他操作的方式发送将图标识的放置位置所表示的地理位置(即与图标识相互关联的照片的拍摄地点)作为导航目的地的导航命令。

步骤 S8：根据导航请求[72]指令，显示以当前所在位置作为导航出发地、以放置位置作为导航目的地导航的导航路线。

如此，可以为用户游览照片的拍摄地点提供便捷的导航方式。

6.2.2　人地互动照片大数据采集与管理系统

如图 6.8 所示，人地互动照片大数据采集与管理系统，包括拍摄地点获取模块 2、地图加载模块 3 和标识显示模块 4。

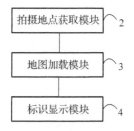

图 6.8　人地互动照片大数据采集与管理系统的结构图

(1)拍摄地点获取模块 2：用于获取照片的拍摄地点。

(2)地图加载模块 3：用于加载包含有拍摄地点的电子地图。

(3)标识显示模块 4：用于根据拍摄地点确定在电子地图上需要放置图标识的放置位置，并根据放置位置在电子地图上显示图标识。图标识为放置位置上存在照片的标识图案，图标识与照片相互关联。照片的数量为多个。

(4)如图 6.9 所示，地图加载模块 3 包括范围地图加载单元 3-1、地点查找单元 3-2、地点确定单元 3-3、重复调用单元 3-4。

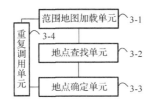

图 6.9 模块 3 的单元结构图

范围地图加载单元 3-1：用于根据定位位置加载以定位位置为中心的预设距离之内的电子地图；

地点查找单元 3-2：用于查找电子地图内是否包含照片的拍摄地点；

地点确定单元 3-3：用于当电子地图内查找到照片的拍摄地点时，确定电子地图为包含有照片的拍摄地点的电子地图；

重复调用单元 3-4：用于当电子地图内未查找到至少一个照片的拍摄地点时，调用范围获取单元。

(5)照片为实时拍摄照片时，拍摄地点获取模块 2 包括：

拍摄子模块 2-1：用于获取实时拍摄照片的拍摄装置的当前所在位置作为拍摄地点，并将实时拍摄照片和拍摄地点相互关联。

(6)请参阅图 6.10，该系统还包括照片查看模块 5、标识格式预设模块 6、导航命令获取模块 7 和导航显示模块 8。

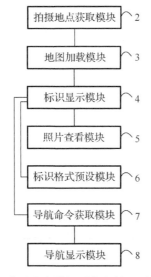

图 6.10 人地互动照片大数据采集与管理系统的扩展结构图

照片查看模块 5：用于获取以与图标识相互关联的照片作为查看目的的照片查看命令，并根据照片查看命令，显示与放置位置相互关联的照片。

标识格式预设模块 6：用于获取放置位置的图标识及照片数量，并根据图标识及照片数量，将图标识设置为预设格式。

导航命令获取模块 7：用于获取导航请求指令。

导航显示模块 8：用于根据导航请求命令，显示以当前所在位置作为导航出发地、以放置位置作为导航目的地导航的导航路线。

6.3　基于电子地图的人地互动视频大数据采集与管理

视频的拍摄地点对用户而言具有十分重要的意义，这是因为拍摄的视频与视频的拍摄地点是非常相关的。例如，用户可以根据过去视频的拍摄地点重新回到拍摄地点再去拍摄视频；再如，用户可以根据朋友视频的拍摄地点去该拍摄地点拍摄自己的视频；又如，用户到达某个地点时，可以知道过去是否在这个拍摄地点拍摄过视频。

现有视频拍摄[73]领域中，并未针对拍摄地点对视频进行管理，特别是在移动定位的情况下针对拍摄地点对视频进行管理，因此用户无法在电子地图的基础上对各个地理位置拍摄的视频进行直观的管理，无法通过电子地图一目了然地查看各个地理位置上拍摄过的视频，更无法直观地根据视频的拍摄地点去到拍摄地点拍摄视频。

有必要提供一种基于电子地图的人地互动视频大数据采集与管理系统，通过上述基于电子地图的人地互动视频大数据采集与管理系统，可以在电子地图的基础上对各个地理位置拍摄的视频进行直观的管理，可以通过电子地图一目了然地查看各个地理位置上拍摄过的视频，并且可以直观地根据视频的拍摄地点回到此地点拍摄视频。

6.3.1　基于电子地图的人地互动视频大数据采集与管理方法

如图 6.11 所示，基于电子地图的人地互动视频大数据采集与管理方法，包括如下步骤。

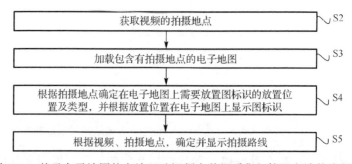

图 6.11　基于电子地图的人地互动视频大数据采集与管理方法的流程图

（1）步骤 S2：获取视频的拍摄地点。

拍摄地点包括：拍摄起始地点和拍摄结束地点。

其中，拍摄起始地点和拍摄结束地点分别为：视频在拍摄过程中记录的起始位置和结束位置。拍摄地点还包括拍摄中间地点，拍摄中间地点为视频拍摄过程所经历的中间地理位置。

视频既可以是已经存在视频库里的以前拍摄的视频，也可以是当前实时拍摄的视频。

（2）步骤 S3：加载包含有拍摄地点的电子地图。

加载包含拍摄地点的电子地图可以通过调用 ARCGIS 或 MAPINFO 或 GOOGLE EARTH 或百度地图或必应地图或其他电子地图或 GIS 系统提供的地图定位接口来实现。

（3）步骤 S4：根据拍摄地点确定在电子地图上需要放置图标识的放置位置及类型，并根据放置位置在电子地图上显示图标识。

图标识包括起始图标识和结束图标识。起始图标识为拍摄起始地点的标识，结束图标识为拍摄结束地点的标识。图标识还可以包括中间图标识。

（4）步骤 S5：根据视频拍摄地点，确定并显示拍摄路线。

根据同一视频的拍摄地点，可以确定一个视频的拍摄路线，将拍摄路线显示在电子地图上。图标识或/及拍摄路线与视频相互关联，可以通过图标识或/及拍摄路线对视频进行查看或管理。

上述基于电子地图的人地互动视频大数据采集与管理方法，获取视频的拍摄地点；加载包含有拍摄地点的电子地图；根据拍摄地点确定在电子地图上需要放置图标识的放置位置及类型，并根据放置位置在电子地图上显示图标识；根据视频、拍摄地点，确定并显示拍摄路线；图标识或/及拍摄路线与视频相互关联。可以在电子地图的基础上对各个地理位置拍摄的视频进行直观的管理，可以通过电子地图一目了然地查看各个地理位置上拍摄过的视频，并且可以直观地根据视频的拍摄地点去到拍摄地点拍摄视频。另外，如果拍摄地点包括一个旅游景点，可能会引起用户重游旅游景点，从而增加旅游景点的收入。视频的数量为多个。

（5）步骤 S2 之前，还需要获取预设距离。

当视频为实时拍摄视频时，步骤 S2 之前，还包括步骤 S1，获取实时拍摄视频的拍摄装置的当前所在位置作为拍摄地点，并将实时拍摄视频和拍摄地点相互关联。

在视频拍摄过程中，拍摄装置在不断地移动，所以需要不断实时地对拍摄装置进行定位，随着拍摄装置的当前所在位置的变动，即随着拍摄地点的变动，包含有拍摄地点的电子地图也需要随之变动，所以需要动态地加载和显示包含有拍摄地点的电子地图。如此，提供一种视频拍摄的方式，同时，也为在查看视频时，提供拍摄地点与视频的相互关联。

具体地，拍摄地点还包括：拍摄暂停地点、拍摄继续地点及拍摄中间地点。对应地，图标识还包括：暂停图标识、继续图标识及中间图标识。

(6)步骤S1包括步骤S1-1～步骤S1-5。

步骤S1-1：获取视频拍摄开始命令，并根据视频拍摄开始命令记录拍摄起始地点。

视频拍摄开始是通过调用拍摄装置的摄像头或其他拍摄开始功能或接口实现。拍摄地点可以用经度、纬度、高度来进行记录，也可以只用经度、纬度进行记录，这可以采用其他坐标方式进行记录。

步骤S1-2：获取视频拍摄结束命令，并根据视频拍摄结束命令记录拍摄结束地点。

视频拍摄结束是通过调用拍摄装置的摄像头或其他拍摄结束功能或接口实现。

步骤S1-3：获取视频拍摄暂停命令，并根据视频拍摄暂停命令记录拍摄暂停地点。

在视频拍摄时，有时会暂停拍摄，过一段时间后还会继续拍摄，在暂停拍摄期间，拍摄装置不一定不动，可能会从一个地点移动到另一个地点，以便在另一个地点继续拍摄，所以在暂停拍摄期间，也要记录拍摄装置在移动过程中的地理位置，否则从拍摄开始到拍摄结束的过程中，拍摄装置所经过的路线就不是连续的，只有把暂停拍摄期间的拍摄装置的地理位置也实时地记录下来，才能使得拍摄装置在拍摄开始到拍摄结束的过程中形成一条完整的路线。

视频拍摄暂停是通过调用拍摄装置的摄像头或其他拍摄暂停功能或接口实现。

步骤S1-4：获取视频拍摄继续命令，并根据视频拍摄继续命令记录拍摄暂停地点。

视频拍摄继续是通过调用拍摄装置的摄像头或其他拍摄继续功能或接口实现。

步骤S1-5：根据视频拍摄开始命令或视频拍摄继续命令，记录拍摄中间地点。

视频拍摄的过程中，拍摄装置可以移动，所以需要不断地实时记录或间隔记录最新的拍摄位置；间隔记录可以为每隔1s记录一次拍摄装置的最新地理位置，即拍摄装置的当前所在位置。

起始图标识可以为开始按钮或开始箭头或开始点或开始标签，结束图标识可以为结束按钮或结束箭头或结束点或结束标签，继续图标识和中间图标识可以为实心点或实心标签，暂停图标识可以为虚心点或虚心标签。如此，将同一个视频的拍摄地点对应的起始图标识和结束图标识之间的继续图标识、暂停图标识和中间图标识形成拍摄路线。具体地，也可以将同一个视频的拍摄地点对应的起始图标识和结束图标识之间的继续图标识、暂停图标识和中间图标识按照顺序连接起来形成拍摄路线。

(7) 步骤 S3 之前，还需要获取定位位置及预设距离。

定位位置的获取方式包括：移动定位的方式以及用户输入定位的方式。

定位位置为用户想要查看、管理视频的位置。

定位位置为当前所在位置的当前定位位置。用户可以查看在当前所在位置的预设距离范围内的拍摄地点的视频。

(8) 如图 6.12 所示，步骤 S3 包括步骤 S3-1～步骤 S3-4。

步骤 S3-1：根据定位位置加载以该定位位置为中心的预设距离之内的电子地图。

步骤 S3-2：查找电子地图内是否包含视频的拍摄地点。

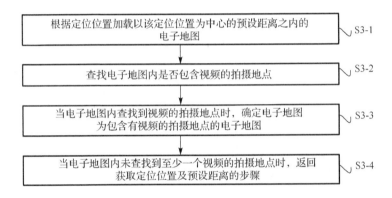

图 6.12　步骤 S3 的具体流程图

步骤 S3-3：当电子地图内查找到视频的拍摄地点时，确定电子地图为包含有视频的拍摄地点的电子地图。

步骤 S3-4：当电子地图内未查找到至少一个视频的拍摄地点时，返回获取定位位置及预设距离的步骤。

如此，可以仅关注在用户所定位的定位位置的预设范围内的拍摄地点是否存在视频，节约系统资源。

(9) 步骤 S5 之后，还需要将拍摄路线与视频相互关联。

具体地，可以为将拍摄路线的唯一标识与视频的唯一标识相互关联。唯一标识可以为编号或名称或存储路径。

关联可以通过在电子地图上将拍摄路线与视频进行关联来实现，也可以通过在数据库中将视频的唯一标识与拍摄路线的唯一标识建立映射关系来实现，还可以通过其他关联方式如超链接。其中，唯一标识可以是编号或名称。

步骤 S5 之后，还需要获取导航请求指令。根据导航请求指令，显示以当前所在位置作为导航出发地、以放置位置作为导航目的地导航的导航路线。

例如,用户可以通过在图标识上进行双击或者其他操作的方式发送将图标识的放置位置所表示的地理位置(即与图标识相互关联的视频的拍摄地点)作为导航目的地的导航命令。如此,可以为用户游览视频的拍摄地点提供便捷的导航方式。

步骤 S5 之后,还需要获取放置位置的图标识及视频数量,并根据图标识及视频数量,将图标识设置为预设格式。

预设格式可以为不同数字或不同颜色或不同颜色深浅的格式,如此,通过图标识可以反映视频的数量。

例如,用户可以通过单击图标识或拍摄路线,或者右击并在弹出菜单项里执行查看命令,或者其他操作方式来发送查看以图标识或拍摄路线相互关联的视频的视频查看命令。又如,视频查看命令的方式还可以为当视频的拍摄地点或拍摄路线在定位位置的预设范围内时,直接触发视频查看命令。具体地,只要拍摄路线上的任意一个拍摄地点在定位位置的预设范围内,即直接触发视频查看命令。或者,只要拍摄路线上的距离定位位置最近的拍摄地点在定位位置的预设范围内,即直接触发视频查看命令。

还包括步骤:获取以与视频相互关联的图标识及拍摄路线作为查看目的的地图查看命令,并根据地图查看命令,加载电子地图,显示图标识及拍摄路线。

例如,可以通过右击视频并执行"查看地图"命令,来查看与视频相互关联的图标识及拍摄路线。

(10)如图 6.13 所示,步骤 S5 之后,还包括步骤 S6。

步骤 S6:获取与图标识或拍摄路线相互关联的视频作为查看目的的视频查看命令,并根据视频查看命令,显示或播放视频。

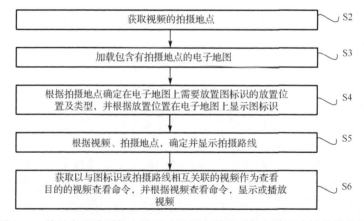

图 6.13　基于电子地图的人地互动视频大数据采集与管理方法的流程图

6.3.2　基于电子地图的人地互动视频大数据采集与管理系统

如图 6.14 所示，基于电子地图的人地互动视频大数据采集与管理系统，包括拍摄地点获取模块 2、地图加载模块 3、标识显示模块 4 和拍摄路线确定模块 5。

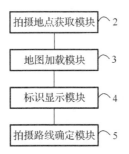

图 6.14　基于电子地图的人地互动视频大数据采集与管理系统的结构图

（1）拍摄地点获取模块 2：用于获取视频的拍摄地点。

（2）地图加载模块 3：用于加载包含有拍摄地点的电子地图。

（3）标识显示模块 4：用于根据拍摄地点确定在电子地图上需要放置图标识的放置位置及类型，并根据放置位置在电子地图上显示图标识。

（4）拍摄路线确定模块 5：用于根据视频、拍摄地点，确定并显示拍摄路线。

（5）如图 6.15 所示，地图加载模块 3 包括：范围地图加载单元 3-1，用于根据定位位置加载以该定位位置为中心的预设距离之内的电子地图；地点查找单元 3-2，用于查找电子地图内是否包含视频的拍摄地点；地点确定单元 3-3，用于当电子地图内查找到视频的拍摄地点时，确定电子地图为包含有视频的拍摄地点的电子地图；重复调用单元 3-4，用于当电子地图内未查找到至少一个视频拍摄地点时，重新调用范围获取模块。

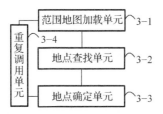

图 6.15　模块 3 的单元结构图

（6）系统还包括预设距离获取模块 1，用于获取预设距离。

（7）视频为实时拍摄视频时，拍摄地点获取模块 2 还包括：拍摄子模块 2-1，用于获取实时拍摄视频的拍摄装置的当前所在位置作为拍摄地点，并将实时拍摄视频和拍摄地点相互关联。

拍摄子模块 2-1 包括拍摄开始单元 2-1-1、拍摄结束单元 2-1-2、拍摄暂停单元 2-1-3、拍摄继续单元 2-1-4 和中间点记录单元 2-1-5。

拍摄开始单元 2-1-1：用于获取视频拍摄开始命令，并根据视频拍摄开始命令记录拍摄起始地点。

拍摄结束单元 2-1-2：于获取视频拍摄结束命令，并根据视频拍摄结束命令记录拍摄结束地点。

拍摄暂停单元 2-1-3：用于获取视频拍摄暂停命令，并根据视频拍摄暂停命令记录拍摄暂停地点。

拍摄继续单元 2-1-4：用于获取视频拍摄继续命令，并根据视频拍摄继续命令记录拍摄暂停地点。

中间点记录单元 2-1-5：用于根据视频拍摄开始命令或视频拍摄继续命令，记录拍摄中间地点。

(8) 如图 6.16 所示，视频查看模块 6 用于获取与图标识或拍摄路线相互关联的视频作为查看目的的视频查看命令，并根据视频查看命令，显示或播放视频。

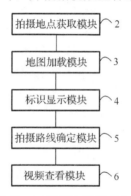

图 6.16　基于电子地图的人地互动视频大数据采集与管理系统的扩展结构图

6.4　基于时间地理学的人地互动视频大数据采集与管理

视频帧[74]的拍摄地点对用户而言具有十分重要的意义，这是因为拍摄的视频与视频帧的拍摄地点是非常相关的。例如，用户可以根据过去视频的视频帧的拍摄地点重新回到拍摄地点再去拍摄视频；再如，用户可以根据朋友视频的视频帧的拍摄地点去该拍摄地点拍摄自己的视频；又如，用户到达某个地点时，可以知道过去是否在这个拍摄地点拍摄过视频，具有相应拍摄地点的视频帧。

时间地理学[75]是一种研究在各种制约条件下人的行为时空特征的研究方法。时间地理学以时间和空间两层面为架构来分析人类活动的时空行为[76]。

　　现有视频拍摄领域中，并未针对视频帧的拍摄地点或/和拍摄时间对视频进行管理，因此用户无法在电子地图的基础上对各个地理位置或/和拍摄时间拍摄的视频帧进行直观的管理，无法通过电子地图一目了然地查看各个地理位置或/和拍摄时间上拍摄过的视频帧，更无法直观地根据视频帧的拍摄地点去到拍摄地点拍摄视频。

　　有必要提供一种基于时间地理学的人地互动视频大数据采集与管理方法及系统，拍摄地点获取模块获取视频的视频帧的拍摄地点；地图加载模块加载包含有拍摄地点的电子地图；标识显示模块根据拍摄地点确定在电子地图上需要放置图标识的放置位置，并根据放置位置在电子地图上显示图标识；图标识与视频相互关联。如此，可以在电子地图的基础上对各个地理位置拍摄的视频帧进行直观的管理，可以通过电子地图一目了然地查看各个地理位置上拍摄过的视频帧，并且可以直观地根据视频帧的拍摄地点回到此地点拍摄视频。

6.4.1　基于时间地理学的人地互动视频大数据采集与管理方法

　　如图 6.17 所示，基于时间地理学的人地互动视频大数据采集与管理方法，包括如下步骤。

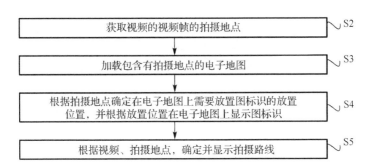

图 6.17　基于时间地理学的人地互动视频大数据采集与管理方法的流程图

　　(1) 步骤 S2：获取视频的视频帧的拍摄地点。

　　视频帧的拍摄地点为视频在拍摄时记录的该视频帧对应时间的地理位置。

　　视频既可以是已经存在视频库里的以前拍摄的视频，也可以是当前实时拍摄的视频。

　　(2) 步骤 S3：加载包含有拍摄地点的电子地图。

　　(3) 步骤 S4：根据拍摄地点确定在电子地图上需要放置图标识的放置位置，并根据放置位置在电子地图上显示图标识。

　　图标识与视频帧相互关联。如此，可以通过图标识对视频帧进行查看或管理。

　　(4) 步骤 S5：根据视频拍摄地点，确定并显示拍摄路线。

根据同一视频各视频帧的拍摄地点,可以确定一个视频的拍摄路线。将拍摄路线显示在电子地图上。

(5)步骤 S2 之前,还包括步骤 S1:获取预设距离。

(6)视频为实时拍摄视频,步骤 S2 包括步骤 S2-1。

步骤 S2-1:获取实时拍摄视频的拍摄装置的当前所在位置作为拍摄地点,并将实时拍摄视频相应时间点的视频帧和拍摄地点相互关联。

具体地,拍摄地点包括:拍摄起始地点、拍摄结束地点、拍摄暂停地点、拍摄继续地点及拍摄中间地点。相应地,图标识包括:起始图标识、结束图标识、暂停图标识、继续图标识及中间图标识。

其中,拍摄暂停地点为视频暂停拍摄时记录的地理位置。继续拍摄地点为视频由暂停状态变为继续拍摄状态时记录的暂停地理位置。

起始图标识为拍摄起始地点的标识;结束图标识为拍摄结束地点的标识;中间图标识为拍摄中间地点的标识;暂停图标识为拍摄暂停地点的标识;继续图标识为继续拍摄地点的标识。

关联可以通过在电子地图上将拍摄路线与视频进行关联来实现,也可以通过在数据库中将视频的唯一标识与拍摄路线的唯一标识建立映射关系来实现,也可以通过其他关联方式如超链接。其中,唯一标识可以是编号或名称或存储路径。相应时间点可以以年、月、日、小时、分、秒来记录,如 2015-7-2 13:24:50,也可以以拍摄设备自带的绝对时间或相对时间来进行记录。

通过时空数据库表[77]的时间点字段、地理位置字段,分别存储相应时间点、拍摄地点。在时空数据库表中新建一行,将相应时间点和拍摄地点分别存入时空数据库表中该一行中的时间点字段和地理位置字段,从而通过时空数据库表在相应时间点和拍摄地点之间建立对应关系。

(7)步骤 S2-1 包括步骤 S2-1-1~步骤 S2-1-5。

步骤 S2-1-1:获取视频拍摄开始命令,并根据视频拍摄开始命令记录拍摄起始时间点和拍摄起始地点。

步骤 S2-1-2:获取视频拍摄结束命令,并根据视频拍摄结束命令记录拍摄结束时间点和拍摄结束地点。

步骤 S2-1-3:获取视频拍摄暂停命令,并根据视频拍摄暂停命令记录拍摄暂停时间点和拍摄暂停地点。

步骤 S2-1-4:获取视频拍摄继续命令,并根据视频拍摄继续命令记录拍摄继续时间点和拍摄继续地点。

步骤 S2-1-5:根据视频拍摄开始命令或视频拍摄继续命令,实时获取拍摄中间时间点及拍摄中间地点。

　　不同的拍摄地点对应不同的图标识，以区分视频的不同拍摄时间点。还可以进一步在时间和空间上对视频进行进一步分析或研究。例如，根据拍摄起始时间点、拍摄结束时间点、拍摄暂停时间点、拍摄继续时间点，可以确定一个视频的总时长、暂停时长，及根据一个时间确定视频相应时间点的视频帧的帧时间点及视频帧的拍摄地点。

　　当一个时间点不是暂停拍摄视频的过程中的时间点，且该个时间点处于开始拍摄的时间点与结束拍摄的时间点之间，则该个时间点为有效拍摄时间点。

　　其中，暂停拍摄视频的过程中，摄像装置是处于不拍摄状态的，所以这个过程中的时间点是不体现在拍摄到的视频之中的，也是和拍摄到的视频中各帧的时间点没有对应关系的，所以暂停拍摄视频的过程中的时间点对于拍摄到的视频而言不是有效拍摄时间点；开始拍摄的时间点之前与结束拍摄的时间点之后，是与拍摄到的视频无关的，所以和拍摄到的视频中各视频帧的时间点没有对应关系，所以开始拍摄的时间点之前与结束拍摄的时间点之后的时间点对于拍摄到的视频而言不是有效拍摄时间点。

　　将一个有效拍摄时间点减去开始拍摄的时间点减去在该时间点与开始拍摄的时间点之间的暂停时长，得到该个有效拍摄时间点对应的帧时间点。

　　例如，一个视频的开始拍摄的时间点为 2015-7-2 8：10：10，该时间点与开始拍摄的时间点之间暂停了 3 次，3 次共暂停了 10 小时 20 分钟 10 秒，该个视频的一个有效拍摄时间点为 2015-7-3 11：30：20，则该有效拍摄时间点对应的帧时间点＝（2015-7-3 11：30：20–2015-7-2 8：10：10）–10 小时 20 分钟 10 秒=3 小时 20 分钟 10 秒+10 小时 20 分钟 10 秒=13 小时 40 分钟 20 秒。

　　当一个时间点是有效拍摄时间点时，根据该时间点对应的帧时间点，从视频中抽取该个帧时间点对应的视频帧，得到该个时间点对应的视频帧。

　　若一个时间点不是有效拍摄时间点，该个时间点和拍摄到的视频中各视频帧的时间点不存在对应关系。当一个时间点是有效拍摄时间点时，该时间点在视频中就会存在对应的帧时间点，根据帧时间点与视频帧之间的一一对应关系，可以从视频中抽取该个帧时间点对应的视频帧。可以通过调用现有视频处理软件的接口从视频中抽取该个帧时间点对应的视频帧。

　　视频拍摄的过程中，拍摄装置可以移动，所以需要不断地实时记录或间隔记录最新的拍摄位置；间隔记录可以为每隔 1s 记录一次拍摄装置的最新地理位置，即拍摄装置的当前所在位置。

　　(8)步骤 S3 之前，还需要获取定位位置及预设距离。

　　(9)如图 6.18 所示，步骤 S3 包括步骤 S3-1～步骤 S3-4。

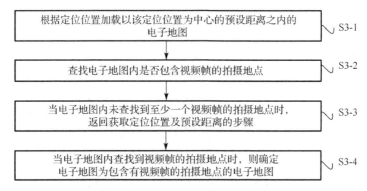

图 6.18　步骤 S3 的具体流程图

步骤 S3-1：根据定位位置加载以该定位位置为中心的预设距离之内的电子地图。

步骤 S3-2：查找电子地图内是否包含视频帧的拍摄地点。

步骤 S3-3：当电子地图内未查找到至少一个视频帧的拍摄地点时，返回获取定位位置及预设距离的步骤。

步骤 S3-4：当电子地图内查找到视频帧的拍摄地点时，则确定电子地图为包含有视频帧的拍摄地点的电子地图。

(10)步骤 S4 包括步骤 S4-1 和步骤 S4-2。

步骤 S4-1：判断拍摄地点是否包括多个中间图标识，若是，则将多个中间图标识合并为一个中间图标识。

步骤 S4-2：判断拍摄地点是否包括多个暂停图标识，若是，则将多个暂停图标识合并为一个暂停图标识。

如此，可以使各个图标识更清晰。

视频暂停拍摄过程中可能会在同一个地理位置停留多个时间点，所以可能会在同一个地理位置形成多个暂停图标识，如果都显示到电子地图上，会带来不美观，所以将在同一个地理位置上的多个暂停图标识合并成一个暂停图标识更有利于暂停图标识在电子地图上的展示。在该合并形成的暂停图标识中以数字或颜色深浅或其他能反映数量大小的方式来反映合并前的暂停图标识的个数，则可以形象地反映出摄像设备在该个地理位置上停留的时间的长短。

(11)步骤 S4 还包括：根据拍摄地点的视频帧的数量，将图标识显示为预设格式。

预设格式可以为不同数字或不同颜色或不同颜色深浅的格式，如此，可以方便用户查看视频帧数量多的拍摄地点。

视频拍摄过程中可能会在同一个地理位置停留多个时间点，所以可能会在同一个地理位置形成多个中间图标识，如果都显示到电子地图上，会带来不美观，所以将在同一个地理位置上的多个中间图标识合并成一个中间图标识更有利于中间图标识在电子地图上的展示。在该个合并形成的中间图标识中以数字或颜色深浅或其他能反映数量大小的方式来反映合并前的中间图标识的个数，则可以形象地反映出摄像设备在该个地理位置上拍摄的时间的长短。将合并之前的多个中间图标识关联的多个视频帧都与该个合并形成的中间图标识进行关联，则合并形成的中间图标识对应着多个连续的视频帧，可记为视频段。

(12)步骤 S5 之后，还需要将拍摄路线与视频相互关联。

具体地，可以为将拍摄路线的唯一标识与视频的唯一标识相互关联。唯一标识，可以为编号或名称。

(13)步骤 S5 之后，还包括步骤：获取导航请求指令。例如，用户可以通过在图标识上进行双击或者其他操作的方式发送将图标识的放置位置所表示的地理位置（即与图标识相互关联的视频的拍摄地点）作为导航目的地的导航命令。

根据导航请求指令，显示以当前所在位置作为导航出发地、以放置位置作为导航目的地导航的导航路线。如此，可以为用户游览视频帧的拍摄地点提供便捷的导航方式。

(14)请参阅图 6.19，步骤 S5 之后，还包括步骤 S6。

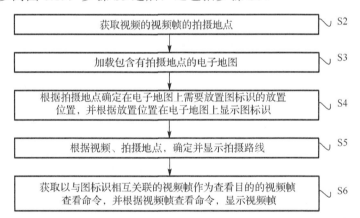

图 6.19　基于时间地理学的人地互动视频大数据采集与管理方法的扩展流程图

步骤 S6：获取与图标识相互关联的视频帧作为查看目的的视频帧查看命令，并根据视频帧查看命令，显示视频帧。

例如，用户可以通过单击图标识，或者右击并在弹出菜单项里执行查看命令，或者其他操作方式来发送查看以图标识相互关联的视频的视频查看命令。又如，视频帧查看命令的方式还可以为当视频帧的拍摄地点在定位位置的预设范围内时，发送触发视频帧查看命令的提醒，进而触发视频帧查看命令。

当用户单击电子地图上的一个图标识时，可以直接调用视频播放软件打开并播放对应的视频帧；该图标识对应的视频帧可能是一个视频帧，也可能是一个视频段。

S6 还包括步骤：获取以与视频帧相互关联的图标识作为查看目的的地图查看命令，并根据地图查看命令，加载电子地图，显示图标识。

例如，可以通过右击视频帧并执行"查看地图"命令，来查看与视频相互关联的图标识及拍摄路线。右击视频帧的方式可以为，在视频播放过程中的某一时间点右击视频。

6.4.2　基于时间地理学的人地互动视频大数据采集与管理系统

如图 6.20 所示，基于时间地理学的人地互动视频大数据采集与管理系统，包括拍摄地点获取模块 2、地图加载模块 3 和标识显示模块 4。

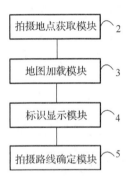

图 6.20　基于时间地理学的人地互动视频大数据采集与管理系统的结构图

(1) 拍摄地点获取模块 2：获取视频的视频帧的拍摄地点。

(2) 地图加载模块 3：用于加载包含有拍摄地点的电子地图。

(3) 标识显示模块 4：用于根据拍摄地点确定在电子地图上需要放置图标识的放置位置，并根据放置位置在电子地图上显示图标识。图标识与视频相互关联。

(4) 拍摄路线确定模块 5：用于根据视频、拍摄地点，确定并显示拍摄路线。根据同一视频各视频帧的拍摄地点，可以确定一个视频的拍摄路线。将拍摄路线显示在电子地图上。视频的数量为多个。

(5) 系统还包括预设距离获取模块 1，用于获取预设距离。

(6) 视频为实时拍摄视频，拍摄地点获取模块 2 还包括拍摄子模块 2-1，用于获取实时拍摄视频的拍摄装置的当前所在位置作为拍摄地点，并将实时拍摄视频相应时间点的视频帧和拍摄地点相互关联。

拍摄子模块 2-1 包括拍摄开始单元 2-1-1、拍摄结束单元 2-1-2、拍摄暂停单元 2-1-3、拍摄继续单元 2-1-4 和中途拍摄单元 2-1-5。

拍摄开始单元 2-1-1：用于获取视频拍摄开始命令，并根据视频拍摄开始命令记录拍摄起始时间点和拍摄起始地点。

拍摄结束单元 2-1-2：用于获取视频拍摄结束命令，并根据视频拍摄结束命令记录拍摄结束时间点和拍摄结束地点。

拍摄暂停单元 2-1-3：用于获取视频拍摄暂停命令，并根据视频拍摄暂停命令记录拍摄暂停时间点和拍摄暂停地点。

拍摄继续单元 2-1-4：用于获取视频拍摄继续命令，并根据视频拍摄继续命令记录拍摄继续时间点和拍摄继续地点。

中途拍摄单元 2-1-5：用于根据视频拍摄开始命令或视频拍摄继续命令，实时获取拍摄中间时间点及拍摄中间地点。

(7)如图 6.21 所示，地图加载模块 3 包括：范围地图加载单元 3-1，用于根据定位位置加载以该定位位置为中心的预设距离之内的电子地图；地点查找单元 3-2，用于查找电子地图内是否包含视频帧的拍摄地点；地点确定单元 3-3，用于当电子地图内查找到视频帧的拍摄地点时，确定电子地图为包含有视频的拍摄地点的电子地图；重复调用单元 3-4，用于当电子地图内未查找到至少一个视频帧的拍摄地点时，重新调用范围获取模块。

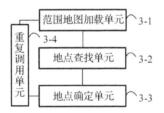

图 6.21　图 6.20 的一个模块的单元结构图

如此，可以仅关注在用户所定位的定位位置的预设范围内的拍摄地点是否存在视频帧，节约系统资源。当存在视频帧时，可以在电子地图的基础上对各个地理位置拍摄的视频帧及视频进行直观的管理，可以通过电子地图一目了然地查看各个地理位置上拍摄过的视频帧及视频，并且可以直观地根据视频帧的拍摄地点去到拍摄地点拍摄视频。

(8)标识显示模块 4 包括以下单元。

中途标识合并单元 4-1，用于判断拍摄地点是否包括多个中间图标识；若是，则将多个中间图标识合并为一个中间图标识。

暂停标识合并单元 4-2，用于判断拍摄地点是否包括多个暂停图标识；若是，则将多个暂停图标识合并为一个暂停图标识。

标识格式预设单元 4-3，用于根据拍摄地点的视频帧的数量，将图标识显示为预设格式。

(9)如图 6.22 所示，系统还包括：视频帧查看模块 6，用于获取以与图标识相互关联的视频帧作为查看目的的视频帧查看命令，并根据视频帧查看命令，显示视频帧。

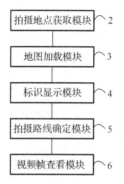

图 6.22　基于时间地理学的人地互动视频大数据采集与管理系统的扩展结构图

第7章　人地互动大数据的展示与转换

7.1　基于电子地图和移动定位的发布信息大数据查看

目前，用户在社交系统[78]（如微信、QQ、微博、论坛等）中发布信息时，该社交系统通常是不记录且不显示发布者的地理位置的。即使少数社交系统对发布者发布信息时的地理位置进行记录并显示，但是也并没有根据发布者发布信息时的地理位置对信息进行分类。由此，当需要查看社交系统中的信息时，只能按照发布时间顺序查找实际需要查看的信息。这也就使得传统的查看社交系统中所发布的信息方式不能满足用户根据发布者发布消息时的地理位置分类查看所发布的信息的需求，并且其需要耗费较长时间才能查看到实际所需要查看的信息，从而影响了发布信息查看的效率。

因此有必要针对传统的查看社交系统中所发布的信息方式不能满足用户根据发布者发布消息时的地理位置分类查看信息，并且影响发布信息大数据[79]查看的效率的问题，提供一种发布信息大数据查看方法和系统。其通过在获取已选取的查看区域后，将查看区域显示在电子地图中，同时，实时检测接收到的查看请求，以根据检测到的查看请求获取查看区域中对应的发布信息大数据，并将获取的发布信息大数据直接显示在查看区域内。由此，当进行已发布信息大数据的查看时，只需要预先选取实际所要查看的查看区域，进而再通过直接查找该查看区域中已发布的相应的发布信息大数据，并通过在电子地图中相应的区域显示出来即可。其只需直接在查看区域内查找相应的发布信息大数据即可实现发布信息大数据的查看，有效提高了信息查看的效率，同时满足了用户根据地理位置分类查看已发布信息大数据的需求。并且，通过在电子地图中的查看区域显示出所查找的发布信息大数据，使得用户查看发布信息大数据时更加直观和方便。

7.1.1　基于电子地图和移动定位的发布信息大数据查看方法

首先，发布信息大数据查看方法和系统中所提到的信息指的是发布到网上的社交系统，如微信朋友圈、QQ 空间、微博、论坛等的各种各样的消息。

其中，所发布的信息可包括多种类别，例如，按照内容划分的新闻类信息、招聘类信息、购物类信息、生活类信息等；或者是按照格式划分的文字类信息、图片类信息或视频类信息等；按照格式划分信息类型时，还可包括文字图片混合类信息、文字视频混合类信息、图片视频混合类信息等；且并不局限于上述几种类型。

移动互联网[80]，指的是将移动通信与互联网二者结合起来，成为一体的技术。即将互联网的技术、平台、商业模式和应用与移动通信技术相结合并实践的活动的总称。

移动定位，指的是通过特定的定位技术来获取移动终端(如手机、平板电脑和计算机等电子设备)用户的地理位置信息(即经纬度坐标信息)，并在电子地图中标出被定位对象的位置的技术或服务。

(1)如图 7.1 所示，发布信息大数据查看方法，其首先包括步骤 S1，获取选取的查看区域，即通过接收用户输入的查看区域信号以确定实际所需要查找的查看区域。此处，查看区域可包括一个区域或多个区域。

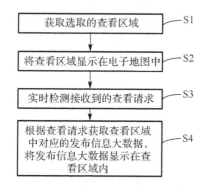

图 7.1　发布信息大数据查看方法的流程图

同时，获取选取的查看区域可通过多种方式来实现。具体地，可通过获取由预设的一个或多个固定区域中选取的查看区域来实现；也可通过获取由电子地图中选定的查看区域来实现；还可通过由预设的一个或多个固定区域中选取与由电子地图中选定相结合的方式来获取相应的查看区域。

其中，当通过由预设的一个或多个固定区域中选取与由电子地图中选定相结合的方式来获取相应的查看区域时，可先通过由预设的一个或多个固定区域中选取的方式获取较大的区域(区域范围应当大于查看区域)，进而再在电子地图中所显示的较大区域中直接选定相应的查看区域。或者是，先通过在电子地图中选定一个较大的区域，然后再通过由预设的一个或多个固定区域中选取的方式获取相应的查看区域。

也就是说，查看区域的选取可通过多种方式实现。例如，通过在社交系统中预设的一个或多个固定区域中选取相应的查看区域，或者是通过在电子地图中直接选定相应的查看区域。为了提高用户查找的便捷性，可直接在电子地图中选定相应的查看区域。

其中，通过在电子地图中直接选定相应的查看区域以实现查看区域的选取时，其具体可通过采用鼠标等输入设备在电子地图中拖动圈取的方式，或采用鼠标或键盘等输入设备在电子地图上点击选取的方式，还可以通过触摸滑动或触摸点击等其他交互式地在电子地图上选定相应的查看区域的方式。

（2）当获取相应的查看区域后，此时执行步骤 S2，将查看区域显示在电子地图中。其中，将所确定的查看区域显示在电子地图中时，可通过以特殊颜色（即不同于电子地图中的颜色）显示或以亮度高于电子地图的亮度等能够将查看区域与电子地图中的其他区域相区分开的方式显示，以便于更加清楚直观地查看所选取或选定的查看区域。

（3）实时检测接收到的查看请求（步骤 S3）。其中，查看请求中应当包括相应的查看信息，如发布信息大数据的类别、发布信息大数据的用户名、发布信息大数据的时间等。通过检测接收到的查看请求，以获取相应的查看信息，从而再根据查看请求获取查看区域中对应的发布信息大数据，将发布信息大数据显示在查看区域内（步骤 S4）。最终实现了直接在查看区域中查找所要查看的发布信息大数据，并将查找到的相应的发布信息大数据显示在电子地图中查看区域内的目的。

其通过获取所选取的查看区域，并在电子地图中显示出相应的查看区域，进而再根据检测的查看请求，获取查看区域中相应的发布信息大数据，实现了直接在查看区域中查找相应的发布信息大数据的目的，因此有效提高了查看效率，节省了查看时间。同时，还通过选取相应的查看区域，满足了用户根据地理位置查看发布信息大数据的需求。并且，还通过将发布信息大数据显示在电子地图中的查看区域内，使得查看结果更加直观、清楚和方便。

查看请求具体可包括类别信息。即查看请求中可包括所要查看的发布信息大数据的类别。例如，查看该查看区域中的所有发布信息大数据，或者是查看该查看区域中的某一类（如文字类、图片类、生活类或新闻类）或多类（如文字类和生活类）发布信息大数据。也就是说，当将确定后的查看区域显示到电子地图中后，此时进行已发布信息大数据的查看时，其可能是查看该查看区域中的所有已发布的信息，也可能是查看该查看区域内所有已发布信息大数据中的某一类或多类信息。

查看区域内的所有发布信息大数据指的是，信息发布时的地址均为该查看区域内的地址的发布信息大数据。该查看区域内的某一类或多类发布信息大数据则指的是，信息发布时的地址均为该查看区域内的地址，且分别按照不同内容或格式等划分后的不同类型的发布信息大数据。例如，发布地址均为该查看区域内的地址，且按内容划分后的新闻类的发布信息大数据；发布地址均为该查看区域内的地址，且按内容划分后的属于生活类的发布信息大数据；或者是发布地址均为该查看区域内的地址，且按格式划分后的文字类的发布信息大数据。以此类推，还可包括其他类所有发布信息大数据等，此处不再赘述。

（4）当查看请求中包括前面的所要查看的发布信息大数据的类别（即类别信息）时，如图 7.2 所示，通过步骤 S4 具体可通过以下步骤来实现。

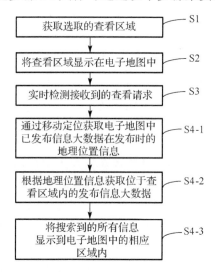

图 7.2　发布信息大数据查看方法的详细流程图

　　首先，通过步骤 S4-1，提取查看请求中的类别信息。即通过对查看请求进行分析提取，获取查看请求中指明的所要查看发布信息大数据的类型。进而再通过步骤 S4-2，根据类别信息，获取查看区域中与类别信息相应的发布信息大数据，以保证最终所查看到的发布信息大数据为实际所要查看的信息。最终，再通过步骤 S4-3，将与类别信息相应的发布信息大数据显示在查看区域内，使得用户能够直观方便地查看相应的发布信息大数据。

　　另外，发布信息大数据查看方法步骤 S4 中，根据查看请求获取查看区域中对应的发布信息大数据时，其在查看区域中查找相应的发布信息大数据时，首先可通过移动定位获取电子地图中已发布信息大数据在发布时的地理位置信息（步骤 S4-4）。即通过移动定位技术获取电子地图中所有已发布的信息在发布时的地理位置信息，或/和通过搜索获取与电子地图中已发布信息大数据的内容相关的地理位置信息。例如，发布信息大数据的内容是位于某个地理位置发生的新闻，那么此时可通过搜索引擎搜索到发布信息大数据的内容中所包含的地理位置，从而获取地理位置信息。并且，通过所获取的地理位置信息最终得到该地理位置的所有已发布信息大数据。其中，此处所获取的地理位置信息包括多个地理位置，并且每个地理位置分别与电子地图中每条已发布信息大数据——对应，进而再根据地理位置信息获取位于查看区域内的发布信息大数据（步骤 S4-5）。即根据移动定位技术获取电子地图中所有已发布的信息的地理位置信息，提取出位于该查看区域内的地理位置信息对应的发布信息大数据，即为实际所要查看的发布信息大数据。其通过采用移动互联网和移动定位技术进行查看区域中的所有信息的直接查找，方便快捷，且易于实现。

另外，发布信息大数据查看方法，其在执行步骤 S4，根据查看请求获取查看区域中对应的发布信息大数据，将发布信息大数据显示在查看区域内时，同时还包括获取查看区域中对应的发布信息大数据的地理位置信息，并将地理位置与发布信息大数据同时显示在查看区域内。由此，其不仅实现了直观地查看所查找的发布信息大数据，同时还能够直观清楚地获得所要查看的每一条发布信息大数据对应的具体地理位置，进而有效地提高了查找结果的精度。

在将获取到的发布信息大数据显示到电子地图中的查看区域内时，其显示方式可包括多种。如通过相应的标识显示在查看区域中。具体地，可以以信息缩略图标识或以圆点标识显示在查看区域内，还可以以两种标识相结合的方式显示（即信息缩略图标识与圆点标识混合使用）等。由此，当标识被触发（如被点击）时，可以显示该标识对应的发布信息大数据的内容和属性信息中的至少一种；还可以执行与该发布信息大数据相关的操作，如打开该发布信息大数据的编辑器等。

同时，所获取到的发布信息大数据还可显示在电子地图的同一图层或不同图层中，以便于用户更加清楚直观且快捷地查看到所要查看的发布信息大数据。

由于查看请求中的类别信息既可为查看该查看区域中的所有已发布的信息，也可以为查看该查看区域内所有已发布信息大数据中的某一类或多类信息。因此，为了更加清楚地描述技术方案，下面分别以上述两种类别信息为例，对发布信息大数据查看方法的技术方案进行更进一步的详细说明。

其中，当查看请求中的类别信息为查看该查看区域内的所有发布信息大数据时，表明此时需要查找信息发布时的地址均为该查看区域的所有发布信息大数据。因此，执行步骤 S4-6，根据查看该查看区域内的所有发布信息大数据的类别信息，在查看区域中搜索发布地址均为该查看区域内的地址的所有发布信息大数据。同时，执行步骤 S4-7，将搜索到的所有信息显示到电子地图中的相应区域内。即通过在查看区域中直接搜索发布地址符合该查看区域内的地址的所有信息，同时将搜索到的所有信息显示到电子地图中的相应区域内，从而使得查找结果更加直观清楚地显示。

在步骤 S4-7，将搜索到的所有信息显示到电子地图中的相应区域内时，其显示方式可以是以信息缩略图标示到电子地图上或以圆点标示到电子地图上的方式，也可以是其他任何能够突出标示出信息的方式。由此，当点击信息缩略图或圆点等标示时，能够通过打开或弹出的方式显示出该标示所代表的信息的窗口或界面内容等信息。并且，其显示方式并不局限于以上方式。

另外，步骤 S4-6，根据该类别信息，在查看区域中搜索发布地址均为该查看区域内的地址的所有发布信息大数据时，其具体可通过以下步骤来实现。

　　具体地，首先通过步骤 S4-6-1，通过移动定位获取电子地图中所有发布信息大数据发布时的第一地理位置信息。第一地理位置信息包括多个地理位置，且多个地理位置分别与电子地图中每一条已发布信息大数据一一对应。进而再通过步骤 S4-6-2，根据所获取的电子地图中所有发布信息大数据的第一地理位置信息，查找出第一地理位置信息中的地理位置在查看区域内的所有发布信息大数据。其通过采用移动互联网和移动定位技术进行查看区域中的所有发布信息大数据的直接查找，方便快捷，且易于实现。

　　在执行步骤 S4-6 时，根据该类别信息，在查看区域中搜索发布地址均为该查看区域内的地址的所有发布信息大数据时，还包括搜索查看区域中的所有信息发布时的地理位置。相应地，在执行步骤 S4-7 时，将搜索到的所有信息显示到电子地图中的相应区域内时，同时将搜索到的与发布信息大数据相应的地理位置也显示到电子地图中的相应区域内，从而实现将搜索到的地理位置及对应的信息同时显示到电子地图中的相应区域中的目的。

　　也就是说，在进行查看区域内的所有发布信息大数据的搜索过程中，同时还搜索查询所有发布信息大数据对应的发布时的地理位置信息，并将查询到的地理位置信息与相应的发布信息大数据同时显示在电子地图中。由此，不仅实现了直观地查看所查找的所有信息的信息，同时还能够直观清楚地获得每一条信息对应的具体地理位置，进而有效地提高了查找结果的精度。

　　地理位置的范围应当小于查看区域的范围。同时，地理位置可通过具体的经纬度坐标来表示。

　　相应地，当查找请求中的类别信息为查看该查看区域内的某一类或多类发布信息大数据时，表明此时需要查找发布地址均为该查看区域内的地址，且分属于不同类型的所有发布信息大数据。因此，此时可执行步骤 S4-8，根据查看该查看区域内的某一类或多类所有发布信息大数据的类别信息，在查看区域中搜索发布地址均为该查看区域内的地址，且类别与上述类别信息中相一致的所有发布信息大数据。同时，执行步骤 S4-9，将搜索到的某一类或多类所有发布信息大数据显示到电子地图中的相应区域内。

　　当类别信息为查找该查看区域内的一类或多类所有发布信息大数据时，此时则在该查看区域中直接查找发布地址为该查看区域内的地址，且类型与该接收到的类别信息相一致的所有发布信息大数据。如接收到的类别信息中的类别为查看该查看区域内的生活类的所有发布信息大数据时，则直接在该查看区域内查找发布地址为查看区域内的地址，且类别属于生活类的所有信息，同时将搜索到的内容属于生活类的所有发布信息大数据显示在电子地图中。当类别信息中的类别为查看该查看区域内的文字类的所有信息时，则直接在该查看区域内查找发布地址为查看区域内的地址，且类别属于文字类的所有发布信息大数据，同时将搜索到的类型为文字类的所有发布信息大数据显示在电子地图中的相应区域。

　　为了能够更加清楚地区分所查找到的所有符合条件的所有信息,当需要查找和显示的所有发布信息大数据包括多类时,则不同类的所有发布信息大数据可以在电子地图中的不同图层中显示。

　　为了更清楚地描述其显示方式,下面以查看该查看区域内的两类发布信息大数据,且该两类发布信息大数据分别为类型为生活类的一类所有信息和类型为图片类的一类所有信息为例,对其显示方式进行说明。

　　其中,发布地址为查看区域内的地址,且类别为生活类的一类所有信息显示在电子地图中的第一图层中;发布地址为查看区域内的地址,且类型为图片类的一类发布信息大数据则显示在电子地图中的第二图层中。由此能够更加直观且清楚地查看最终的查找结果。

　　电子地图的图层可根据查看信息的类型个数进行相应设置。并且,不同类的所有发布信息大数据的显示也并不局限于上述一种方式,也可以显示在电子地图中的同一图层中。

　　将搜索到的一类或多类所有信息显示到电子地图中的相应区域内时,显示方式同样可通过以信息缩略图标示到电子地图上或以圆点标示到电子地图上的方式,还可以通过其他任何能够突出标示出信息的方式。由此,当点击信息缩略图或圆点等标示时,能够通过打开或弹出的方式显示出该标示所代表的信息的窗口或界面内容等信息。

　　并且,在查看区域内搜索相应的一类或多类发布信息大数据时,也可通过移动互联网和移动定位技术来实现。

　　具体地,首先通过步骤 S4-8-1,通过移动定位获取电子地图中所有区域内的某一类或多类发布信息大数据的第二地理位置信息。第二地理位置信息同样包括多个地理位置,且每个地理位置分别与电子地图中所有区域内的某一类或多类发布信息大数据中的每条发布信息大数据一一对应。进而再通过步骤 S4-8-2,查找出第二地理位置信息中的地理位置位于查看区域内的某一类或多类发布信息大数据。其实现原理与上述类别信息为查找该查看区域内的所有发布信息大数据时的原理相同,此处不再赘述。

　　在执行步骤 S4-8,搜索查看区域中的某一类或多类发布信息大数据时,同样也包括搜索查看区域中的某一类或多类发布信息大数据的地理位置信息的步骤,进而再执行步骤 S4-9,搜索到的某一类或多类发布信息大数据显示到电子地图中的相应区域内时,搜索到的地理位置及对应的一类或多类发布信息大数据同时显示到电子地图中的相应区域中,以实现查找到的信息及对应的地理位置的同时查看,提高查找结果的精度。

　　总之,通过采用发布信息大数据查看方法进行信息的查看时,其通过在电子地图上根据信息发布时的地理位置对发布的信息进行直观的分类显示,从而不仅满足了用户根据信息发布时的地理位置分类查看发布信息大数据的需求,同时还有效提高了信息查看效率,并且使得用户查看信息时非常直观和方便。

7.1.2　基于电子地图和移动定位的发布信息大数据查看系统

相应地,提出一种发布信息大数据查看系统。由于发布信息大数据查看系统的工作原理与发布信息大数据查看方法原理相同或相似,因此重复之处不再赘述。

如图 7.3 所示,发布信息大数据查看系统包括查看区域获取模块 1、查看区域显示模块 2、查看请求检测模块 3、发布信息大数据获取模块 4 和发布信息大数据显示模块 5。

其中,查看区域获取模块 1,被配置为获取选取的查看区域;查看区域显示模块 2,被配置为将查看区域显示在电子地图中;查看请求检测模块 3,被配置为实时检测接收到的查看请求;发布信息大数据获取模块 4,被配置为根据查看请求获取查看区域中对应的发布信息大数据;发布信息大数据显示模块 5,被配置为将发布信息大数据显示在查看区域内。

同时,发布信息大数据获取模块 4,还被配置为根据查看请求获取查看区域中对应的发布信息大数据的地理位置;发布信息大数据显示模块 5,还被配置为将地理位置与发布信息大数据同时显示在查看区域内。

查看请求包括类别信息。相应地,如图 7.4 所示,发布信息大数据获取模块 4 包括提取单元 4-1 和获取单元 4-2;发布信息大数据显示模块 5 则包括显示单元 5-1。

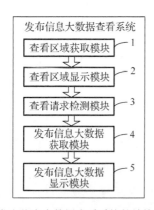

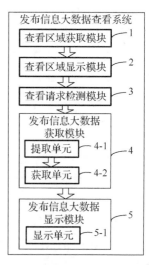

图 7.3　发布信息大数据查看系统的结构示意图　　图 7.4　发布信息大数据查看系统的详细结构示意图

其中,提取单元 4-1,被配置为提取查看请求中的类别信息;获取单元 4-2,被配置为根据类别信息，获取查看区域中与类别信息相应的发布信息大数据；显示单元 5-1，被配置为将与类别信息相应的发布信息大数据显示在查看区域内。

发布信息大数据查看系统获取单元 4-2 包括第一获取子单元和第二获取子单元（图中均未示出）。其中，第一获取子单元，被配置为通过移动定位获取电子地图中已发布信息大数据在发布时的地理位置信息，或/和通过搜索获取与电子地图中已发布信息大数据的内容相关的地理位置信息。第二获取子单元，被配置为根据地理位置信息获取位于查看区域内的发布信息大数据。

7.2　基于电子地图和时空属性的语言信息大数据显示

语言地理学是人文地理学[81]的分支学科。以方言的地域分布[82]和地理型式为基础，研究一般性语言问题，如语言母体与谱系继承性、历史比较语言、语汇词汇多样性、语形变化的地理特征等。语言地理学研究方言分布的主要方法借助于使用等语线，即根据代表性语言、词汇指标，在地图上标出语言特征近似的分布点，连成等语线。电子地图，即数字地图，是利用计算机技术，以数字方式存储和查阅的地图。

语言的时间特性在语言的变迁中非常重要，例如，地理学者常借助语言的分化来推断移民的历史。通常迁移时间越久，语言分化越明显。所以时间特性对于语言地理学而言同语言的空间分布一样重要。目前在电子地图上只体现出了语言信息的空间特性、没有体现出语言信息的时间特性，不能满足特定时间点或时间段内的语言信息空间分布的显示需求。

有必要针对上述技术问题，提供一种语言信息大数据显示方法和系统，其能够在电子地图上充分显示出语言信息大数据的时间特性和空间特性。上述的语言信息大数据显示方法和系统，根据时间属性在电子地图上建立与时间属性的关联图层；并根据空间属性将语言信息大数据标注到关联图层的相应位置，当接收到触发指令时，显示语言信息大数据的空间属性和时间属性。上述的语言信息大数据显示方法和系统在电子地图显示语言信息大数据时，通过图层叠加能够充分体现出语言信息大数据的时空特性[83]，从而能够显示特定时间点或时间段内的语言信息大数据空间分布情况。

7.2.1　基于电子地图和时空属性的语言信息大数据显示方法

如图 7.5 所示，提出了一种语言信息大数据显示方法。该方法包括以下步骤。

(1)步骤 S1：获取语言信息大数据的空间属性和时间属性。

语言信息大数据是指字、词、语句等，以及字、词、语句等的发音、解释等。语言信息大数据的空间属性包括语言信息大数据的区域信息，如某种发音的方言所属的地区。空间属性包括至少一个区域或者至少一个区域范围。时间属性是指某一个历史时间点或者时间范围内语言的发音及解释等。一个时间属性包括至少一个时间点或者至少一个时间范围(时间段)。

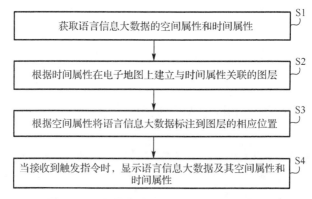

图 7.5　语言信息大数据显示方法的流程图

(2)步骤 S2：根据时间属性在电子地图上建立与时间属性关联的图层。

电子地图是地图制作和应用的一个系统，是由电子计算机(或服务器)控制所生成的地图，是基于数字制图技术的、可视化的实地图。

利用制作电子地图的方法将语言信息大数据的时间属性关联到电子地图的图层上。一个时间属性中每个时间点对应一个图层、每个时间范围对应一个图层，因此当一个时间属性中包括多个时间点或多个时间范围时，该个时间属性关联多个图层。具体地，多个时间属性可以分别关联到不同的图层，也可以将同一个时间段的多个时间属性关联到同一个图层。关联的方式有很多，可以采用以电子地图为底图，在电子地图的基础上叠加图层的方式。还可以采用其他方式，这里不再赘述。

(3)步骤 S3：根据空间属性将语言信息大数据标注到图层的相应位置。

根据不同语言信息大数据的空间属性，即该语言信息大数据所属的地域，将语言信息大数据标注到关联图层的相应的位置区域。

标注的方式包括将语言信息大数据以语言信息大数据缩略图的形式标注到关联图层上；或者以圆点的形式标注到关联图层上或以其他能够标注出语言信息大数据的方式将语言信息大数据标注到关联图层上。

(4)步骤 S4：当接收到触发指令时，显示语言信息大数据及其空间属性和时间属性。

触发指令是指鼠标、触控面板、手写笔等输入设备或者用户的手指点击和触摸电子地图上的某一位置。

语言信息大数据的空间属性和时间属性的显示形式可以为浮动窗口、图层、文本框或者界面形式。例如，当使用鼠标点击电子地图上的地名（地标）时，就能打开或弹出与该地名相对应的语言信息大数据的窗口或界面。这样不仅方便用户查看不同地理区域内的语言变迁情况，而且还提高了用户进行语言信息大数据研究的效率。

当没有接收到触发指令时，语言信息大数据及其空间属性和时间属性将会隐藏，这样可以减少用户使用电子地图时的干扰，提高了用户体验。

根据时间属性在电子地图上建立与时间属性关联的图层的步骤包括：利用电子地图的自定义图层接口，将电子地图作为底图，在底图的基础上，叠加与该时间属性对应的图层。

通过上述步骤可以将语言信息大数据的时间属性显示到电子地图上，体现出了语言信息大数据的时间特性。

可以针对多个时间属性，在电子地图的基础上叠加与每个时间属性对应的多个图层。还可以针对属于同一个时间段的多个时间属性，在电子地图的基础上叠加与该多个时间属性对应的同一个图层。这样能够满足多个时间点或时间段内的语言信息大数据空间分布的显示需求。

根据时间属性在电子地图上建立与时间属性关联的图层的步骤包括如下。

将多个语言信息大数据的时间属性划分到多个时间段内，在电子地图上建立与该多个时间段分别对应的多个图层，将属于每个时间段的每个时间属性关联到该个时间段对应的图层。例如，可以针对属于同一个时间段的多个时间属性，叠加与该多个时间属性对应的一个图层。

将多个语言信息大数据的时间属性划分为多个时间段的方式包括根据多个语言信息大数据的聚类结果划分或平均时间间隔划分或按照实际需要划分或其他能够将时间属性归类的方式划分。

按照多个语言信息大数据的聚类结果划分，包括将属于同一语言类别的多个语言信息大数据对应的多个时间属性（如多个时间段）归类到一个大的时段。

例如，藏语语言（包括卫藏方言（即拉萨话）、康巴方言（德格话、昌都话）、安多方言等）可以按照这 4 个时期对应的时间段进行划分：上古语言学时期、中古语言学时期、中世纪语言学时期、近代语言学时期。

按照平均时间间隔划分时间属性是指按照平均时间间隔来划分时间段。

例如，可以将每 100 年作为一个时间段，如 1800～1900 年、1900～2000 年。

利用不同图层体现出语言信息大数据的时间特性，通过图层叠加体现出语言信息大数据的时空特性。

（5）如图 7.6 所示，当接收到触发指令时，显示语言信息大数据及其空间属性和时间属性的步骤 S4 包括步骤 S4-1～步骤 S4-4。

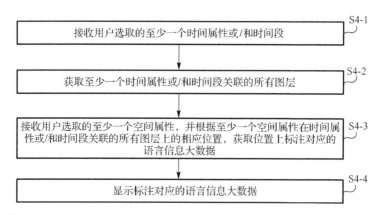

图 7.6　当接收到触发指令时，显示语言信息大数据及其空间属性和时间属性的过程示意图

步骤 S4-1：接收用户选取的至少一个时间属性和/或时间段。

用户选取的时间范围内可能包含一个或者多个时间属性。根据时间属性的计算方法获取该时间范围内的至少一个时间属性。

步骤 S4-2：获取至少一个时间属性或/和时间段关联的所有图层。

根据上述步骤获取的用户输入至少一个时间属性和/或时间段相关联的所有图层。

步骤 S4-3：接收用户选取的至少一个空间属性，并根据至少一个空间属性在时间属性或/和时间段关联的所有图层上的相应位置，获取位置上标注对应的语言信息大数据。

获取用户选取的至少一个空间属性，显示所有的空间属性标注到的所有图层，并在所有图层上显示至少一个空间属性对应的标注。然后获取标注对应的语言信息大数据。

步骤 S4-4：显示标注对应的语言信息大数据。

显示上述步骤中获取的标注所对应的语言信息大数据，即显示用户选取的至少一个时间属性和/或时间段的不同空间属性的语言信息大数据。

接收用户按需求输入预显示的语言信息大数据的时间范围，并显示该时间范围内的语言信息大数据，方便快捷，并且显示了语言信息大数据的时空特性。

7.2.2　基于电子地图和时空属性的语言信息大数据显示系统

如图 7.7 所示，提出了一种语言信息大数据显示系统，该系统包括获取模块 1、关联图层建立模块 2、标注模块 3 和显示模块 4。

获取模块 1 用于获取语言信息大数据的空间属性和时间属性。关联图层建立模块 2 用于根据时间属性在电子地图上建立与时间属性关联的图层。标注模块 3 用于

根据空间属性将语言信息大数据标注到图层的相应位置。显示模块 4 用于当接收到
触发指令时，显示语言信息大数据及其空间属性和时间属性。

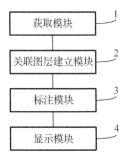

图 7.7   语言信息大数据显示系统的结构框图

关联图层建立模块 2 还用于以下方面。

(1)利用电子地图的自定义图层接口，在电子地图的基础上，叠加与时间属性对
应的图层。

(2)针对多个时间属性，在电子地图的基础上叠加与每个时间属性对应的多个图
层；或者针对属于同一个时间段的多个时间属性，在电子地图的基础上叠加与多个
时间属性对应的同一个图层。

(3)将多个语言信息大数据的时间属性划分为多个时间段；在电子地图上建立多
个时间段分别对应的多个图层；将属于每个时间段的每个时间属性关联到时间段对
应的图层。

将多个语言信息大数据的时间属性划分为多个时间段的方式包括根据多个语言
信息大数据的聚类结果划分或根据平均时间间隔划分。

语言信息大数据显示系统用于实现前述的语言信息大数据显示方法，因此语言
信息大数据显示系统具体可参见前面语言信息大数据显示方法部分，例如，获取模
块 1、关联图层建立模块 2、标注模块 3 和显示模块 4 分别用于实现上述语言信息大
数据显示方法中步骤 S1、S2、S3 和 S4，因此其具体实现方式可参照前面有关步骤
S1～步骤 S4 的描述，在此不再累述。

7.3   基于地理位置信息的语言大数据翻译

传统的语言翻译系统[84](如谷歌翻译、百度翻译、有道翻译)，需要用户指定需
要翻译的语言类型，或者自动检测少数几种通用的国际语言的类型。当用户不清楚
需要翻译的语言类型时，如用户到某地旅游或出差时，与当地人交流，想翻译当地
人的方言时，用户不一定知道当地的方言类型，此时用户无法指定需要翻译的语
言类型；或者当用户需要翻译的语言不在语言翻译系统能自动检测的语言类型之

内时，如用户到某地旅游或出差时，与当地人交流，想翻译当地人的方言时，当地方言类型不在翻译系统自动检测的语言类型之内，则翻译系统就会检测失败。这两种情况都会导致用户对该语言的翻译失败，无法满足用户对各种语言的翻译需求。

鉴于此，有必要提供一种能够满足用户对各种语言大数据翻译需求的基于地理位置信息的语言大数据翻译方法及系统。上述基于地理位置信息的语言大数据翻译方法及系统，根据被翻译人所在位置的地理位置信息自动指定需要翻译的语言大数据信息的语言大数据类型，无须用户指定需要翻译的语言大数据类型，也无须系统自动检测少数几种通用的国际语言大数据类型，就能使得用户的语言大数据翻译成功，克服传统语言大数据翻译系统易导致用户对语言大数据翻译失败的缺陷，满足用户对各种语言大数据的翻译需求。

7.3.1 基于地理位置信息的语言大数据翻译方法

如图 7.8 所示，提供了一种语言大数据翻译方法，该方法包括以下步骤。

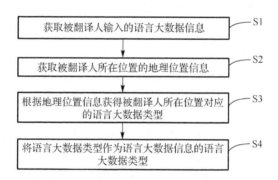

图 7.8 语言大数据翻译方法的流程示意图

(1)步骤 S1：获取被翻译人输入的语言大数据信息。
(2)步骤 S2：获取被翻译人所在位置的地理位置信息。
(3)步骤 S3：根据地理位置信息获得被翻译人所在位置对应的语言大数据类型。
(4)步骤 S4：将语言大数据类型作为语言大数据信息的语言大数据类型。

根据被翻译人所在位置的地理位置信息获得相应的语言大数据类型，然后将该语言大数据类型作为被翻译人输入的语言大数据信息的语言大数据类型，以便于翻译系统对语言大数据信息进行翻译。当用户到达某地，想与当地人交流对当地语言大数据进行翻译而不知当地的语言大数据类型时，语言大数据翻译系统会根据被翻译人所在的地理位置信息自动获得当地的语言大数据信息的语言大数据类型，进而对需要翻译的语言大数据信息进行翻译，如将当地方言翻译为普通话，这样用户便能很好地与当地人进行交流。由于其是根据被翻译人所在位置的地理位置信息自动指定语言大数据信息的语言大数据类型的,因此无须用户指定需要翻译的语言大数据类型,也无须系统自动检测少数几种通用的国际语言大数据类型,就能使得用户的语言大数据翻译成功,克服传统语言大数据翻译系统易导致用户对语言大数据翻译失败的缺陷,满足用户对各种语言大数据的翻译需求。其中,被翻译人指的是输入需要翻译的语言大数据信息的人。

语言大数据翻译是对语言大数据的语音、文本等的标本和资料的翻译。例如,普通话语音翻译为其他语言大数据、普通话文本翻译为其他语言大数据;藏语方言语音翻译为其他语言大数据、藏语方言文本翻译为其他语言大数据;法语语音翻译为其他语言大数据、法语文本翻译为其他语言大数据。

(5) 如图 7.9 所示,还包括步骤 S5 和步骤 S6。

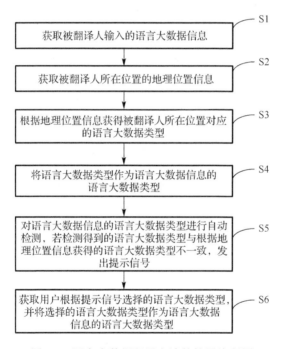

图 7.9　语言大数据翻译方法的扩展流程图

步骤 S5:对语言大数据信息的语言大数据类型进行自动检测,若检测得到的语言大数据类型与根据地理位置信息获得的语言大数据类型不一致,发出提示信号。

步骤 S6:获取用户根据提示信号选择的语言大数据类型,并将选择的语言大数据类型作为语言大数据信息的语言大数据类型。

对语言大数据信息的语言大数据类型进行自动检测,若没有检测到需要翻译的语言大数据信息的语言大数据类型,则以根据被翻译人所在位置的地理位置信息获得的语言大数据类型作为需要翻译的语言大数据信息的语言大数据类型。若检测到语言大数据信息的语言大数据类型,则判断检测得到的语言大数据类型与根据地理位置信息得到的语言大数据类型是否一致,若一致,则检测得到的语言大数据类型(或根据地理位置获得的语言大数据类型)即语言大数据信息的语言大数据类型;若不一致,则发出提示信息,提示用户从检测得到的语言大数据类型和根据地理位置信息得到的语言大数据类型中任意选择一种作为语言大数据信息的语言大数据类型,从而确定出需要翻译的语言大数据信息的语言大数据类型,保证用户的语言大数据信息翻译成功,满足用户对各种语言大数据的翻译需求。以上两种方式确定需要翻译的语言大数据信息的语言大数据类型,进一步地确保用户的语言大数据信息翻译成功。

(6)如图 7.10 所示,步骤 S2 包括:步骤 S2-1,对被翻译人进行定位,获得被翻译人所在位置的地理位置信息。

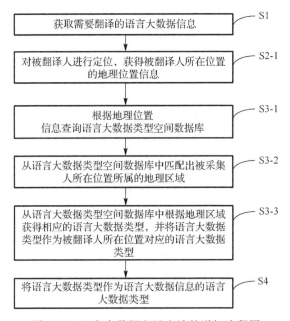

图 7.10　语言大数据翻译方法的详细流程图

在被翻译人不知其所在的具体地理位置信息时,可以采用移动定位系统(如 GPS)对其进行移动定位,从而获得被翻译人的准确所在位置。当然,若被翻译人知道自己的所在位置,也可直接输入其所在的地理位置。

其中,被翻译人所在位置的地理位置信息中包括被翻译人所在位置;被翻译人的所在位置可以是经纬度,也可以是地名,或者是其他能够标志地理位置的信息形式。

步骤 S3 包括步骤 S3-1～步骤 S3-3。

步骤 S3-1：根据地理位置信息查询语言大数据类型空间数据库。其中，语言大数据类型空间数据库中预存有多个地理区域对应的语言大数据类型。

步骤 S3-2：从语言大数据类型空间数据库中匹配出被翻译人所在位置所属的地理区域。

步骤 S3-3：从语言大数据类型空间数据库中根据地理区域获得相应的语言大数据类型，并将语言大数据类型作为被翻译人所在位置对应的语言大数据类型。

预先建立语言大数据类型空间数据库，该语言大数据类型空间数据库中包括多个地理区域及地理区域对应的语言大数据类型。在获得被翻译人所在位置的地理位置信息之后，查询语言大数据类型空间数据库，并从语言大数据类型空间数据库中匹配出地理位置信息对应的地理区域，进而获得被翻译人所在位置的语言大数据类型，便于用户翻译当地的语言大数据信息，与当地人进行交流。

其中，地理区域包括地理区域对应的地理范围信息。

步骤 S3-2 包括步骤 S3-2-1 和步骤 S3-2-2。

步骤 S3-2-1：将被采集人所在位置与语言大数据类型空间数据库中的地理区域的地理范围进行比较。

步骤 S3-2-2：若被采集人所在位置在第一地理区域的地理范围内，则被采集人所在位置所属的地理区域为第一地理区域。

在建立语言大数据类型空间数据库时，为了简化系统设计的复杂度，将具有一定特性的地理范围划分为一个地理区域，在获得被翻译人所在位置的地理位置信息后，将地理位置信息与语言大数据类型空间数据库中的地理区域所属的地理范围进行比较，若该地理位置信息属于某个地理区域的地理范围之内，则将该地理区域作为被翻译人所在位置的地理区域，由于每个地理区域都对应有相应的语言大数据类型，因此在获得地理区域之后便能获得相应的语言大数据类型，简单方便。

7.3.2　基于地理位置信息的语言大数据翻译系统

(1)如图 7.11 所示，提供了一种语言大数据翻译系统，该系统包括：语言大数据信息获取模块 1，用于获取被翻译人输入的语言大数据信息；地理位置信息获取模块 2，用于获取被翻译人所在位置的地理位置信息；语言大数据类型获取模块 3，用于根据地理位置信息获得被翻译人所在位置对应的语言大数据类型；翻译类型模块 4，用于将语言大数据类型作为语言大数据信息的语言大数据类型。

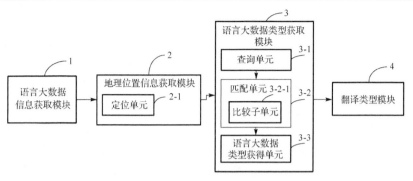

图 7.11　语言大数据翻译系统的结构示意图

(2)地理位置信息获取模块 2 包括：定位单元 2-1，用于对被翻译人进行定位，获得被翻译人所在位置的地理位置信息。

(3)语言大数据类型获取模块 3 包括：查询单元 3-1，用于根据地理位置信息查询语言大数据类型空间数据库，其中，语言大数据类型空间数据库中预存有多个地理区域及地理区域对应的语言大数据类型；匹配单元 3-2，用于从语言大数据类型空间数据库中匹配出被采集人所在位置所属的地理区域；语言大数据类型获得单元 3-3，用于从语言大数据类型空间数据库中根据地理区域获得相应的语言大数据类型，并将语言大数据类型作为被翻译人所在位置对应的语言大数据类型。

匹配单元 3-2 包括：比较子单元 3-2-1，用于将被翻译人所在位置信息与语言大数据类型空间数据库中的地理区域的地理范围进行比较，若被翻译人所在位置在第一地理区域的地理范围内，则被翻译人所在位置所属的地理区域为第一地理区域。

(4)如图 7.12 所示，该系统还包括：自动检测模块 5，用于对语言大数据信息的语言大数据类型进行自动检测，若检测得到的语言大数据类型与根据地理位置信息获得的语言大数据类型不一致，发出提示信号；获取选择模块 6，用于获取用户根据提示信号选择的语言大数据类型，并将选择的语言大数据类型作为语言大数据信息的语言大数据类型。

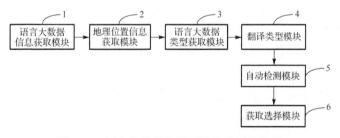

图 7.12　语言大数据翻译系统的扩展结构图

第8章　人地互动大数据应用——以智能停车为例

在城市中停车是人们日常生活中很重要的一种人地互动，而且停车是一种与停车场、车主、车位、空间、时间都相关的大数据，通过人地互动大数据进行智能停车，是一种与我们密切相关的人地互动大数据应用。

8.1　基于深度学习和大数据的停车位检测

传统技术在进行停车位检测[85]时，采用的是阈值法或模式识别[86]法。这两种方法抗干扰能力差，而停车场中车来车往，不同车主停车模式千差万别，不同停车位所受的干扰不同，所以这种复杂的环境下会出现千变万化的检测数据，因此使用固定的几个阈值或固定的几个模式来识别停车位的相关状态，容易出现误识别，无法达到令人满意的检测精度。

因此，有必要提供一种检测精度较高的停车位检测方法。采用深度学习和深度神经网络[87]对停车位的相关检测数据进行识别，得到停车位的相关状态。由于深度学习和深度神经网络的检测精度远远高于阈值法和模式识别法，所以可以从千变万化、干扰众多的停车位检测数据中去伪存真，得到的停车位状态能达到令用户满意的检测精度。

8.1.1　基于深度学习和大数据的停车位检测方法

图 8.1 所示为停车位检测方法的流程图，包括下列步骤。

（1）步骤 S1：获取过去任一时刻下待测停车位上有否驻车的第一相关检测数据。

停车场中每一个停车位上会设有采集用于判定该停车位上是否有驻车的数据的相应装置，如地磁传感器[88]、红外传感器[89]、摄像头等。后续通过这些数据检测该停车位是否驻车。

（2）步骤 S2：获取过去任一时刻下待测停车位上有否驻车的真实相关状态。

相关状态包括该停车位被占用和该停车位空闲。由于真实相关状态需要作为深度神经网络训练时的输入，因此要尽量保证状态准确。真实相关状态可以通过人工查看获取，也可以通过设备自动检测获取，但如前述，不管通过什么方式获取都要尽量保证状态准确。停车位被占用和停车位空闲可以分别用 0、1 来表示，也可以使用其他预设的数值表示。

（3）步骤 S3：为待测停车位初始化一个深度神经网络作为第一深度神经网络。

（4）步骤 S4：对第一深度神经网络进行训练，直到符合预设条件后成为第二深度神经网络。

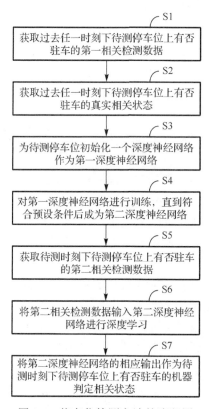

图 8.1　停车位检测方法的流程图

将第一相关检测数据输入第一深度神经网络的输入层、将真实相关状态输入第一深度神经网络的输出层，对第一深度神经网络进行训练。一个停车位的第一相关检测数据和真实相关状态是·一对应的，即要在同一时刻获取该停车位的第一相关检测数据和真实相关状态。步骤 S1～步骤 S4 为深度神经网络的训练阶段，重复对第一深度神经网络进行多次训练，直到第一深度神经网络符合预设条件，将符合预设条件的第一深度神经网络作为第二深度神经网络，进行停车位检测。步骤 S5 开始为检测阶段。

（5）步骤 S5：获取待测时刻下待测停车位上有否驻车的第二相关检测数据。

与步骤 S1 中采用同样的装置获取该数据。

（6）步骤 S6：将第二相关检测数据输入第二深度神经网络进行深度学习。

通过第二深度神经网络进行停车位检测。

(7)步骤 S7:将第二深度神经网络的相应输出作为待测时刻下待测停车位上有否驻车的机器判定相关状态。

相关状态包括该停车位被占用和该停车位空闲。通过机器对待测停车位上有否驻车进行自动检测。

传统技术在停车位检测时,采用阈值法或模式识别法对停车位的检测数据进行识别,得到停车位的相关状态。但由于阈值和模式是预设好后就固定不变的,所以对千变万化、干扰众多的停车位检测数据进行识别,得到的停车位状态无法达到令用户满意的检测精度。

(8)步骤 S3 具体包括:将第一深度神经网络输入层的数据结构初始化为待测停车位上有否驻车的第一相关检测数据的数据结构或可以转化成的数据结构,将第一深度神经网络输出层的数据结构初始化为待测停车位上有否驻车的真实相关状态的数据结构或可以转化成的数据结构,并将第一深度神经网络初始化出预设层数个中间层,预设层数是大于或者等于 0 的整数。

(9)步骤 S4 还包括:将过去任一时刻下第一相关检测数据压缩成预设层数组的分辨率递减的中间数据,每一组中间数据与一个中间层对应;然后将每一组中间数据输入对应的中间层。

例如,预设层数为 3。将第一相关检测数据的分辨率压缩 50%,得到第一组中间数据;将第一组中间数据的分辨率压缩 50%,得到第二组中间数据;将第二组中间数据的分辨率压缩 50%,得到第三组中间数据。将第一组中间数据输入第一深度神经网络的第一个中间层,将第二组中间数据输入第一深度神经网络的第二个中间层,将第三组中间数据输入第一深度神经网络的第三个中间层。

步骤 S4 判断第一深度神经网络是否符合预设条件,具体通过以下步骤进行。获取某一时刻(如距离待测时间最近的过去时刻)下待测停车位的第一相关检测数据及真实相关状态。将该时刻下待测停车位的第一相关检测数据输入第一深度神经网络的输入层,然后通过第一深度神经网络的深度学习得到第一深度神经网络的输出层的输出结果。将该输出结果与该时刻下待测停车位的真实相关状态进行对比,如果对比得到的误差不大于预设阈值,则符合预设条件,结束训练并将第一深度神经网络作为第二深度神经网络,进入检测阶段;否则判定为不满足预设条件,对第一深度神经网络进行下一次训练。

步骤 S4 的训练是对每一个停车位都单独训练一个深度神经网络,即如果停车场有 N 个停车位,则训练出 N 个相应的深度神经网络。具体地,步骤 S1 和步骤 S2 要获取某个停车位的多个不同时间的第一相关检测数据和真实相关状态,然后在步骤 S4 中将每一对第一相关检测数据和真实相关状态分别作为深度神经网络的输入和输出进行训练。如果停车场有 N 个停车位,步骤 S1 和步骤 S2 中就要将每个停车位的数据单独分组(即分成 N 组),步骤 S4 训练时单独使用每个停车位的数据训练出一个对应停车位的深度神经网络。这样一来，不同的待检测停车位有不同的深度神经网络，可以更个性化地深度学习处于不同干扰下的不同待检测停车位，能使检测精度更高。

步骤 S4 对待测停车位的深度神经网络进行训练时，输入的第一相关检测数据除了该停车位有否驻车的检测数据以外，还需要输入该车位的相邻停车位有否驻车的检测数据。例如，要将该停车位左边的相邻停车位和右边的相邻停车位有否驻车的检测数据也作为该停车位的深度神经网络的输入。这样做的好处在于能够将相邻停车位对该停车位的干扰考虑进去(更远的停车位对该停车位的干扰相对较小，可以忽略)，从而使得训练出来的深度神经网络可以把相邻停车位的干扰一并考虑，使得相邻停车位的干扰不会影响深度神经网络对该停车位的检测精度。同样地，步骤 S5 中的第二相关检测数据除了待测停车位有否驻车的检测数据以外，还包括待测停车位的相邻停车位有否驻车的检测数据。也可以仅将该停车位有否驻车的检测数据作为深度神经网络训练时的输入，而不输入相邻停车位有否驻车的检测数据，即第二相关检测数据不包括相邻停车位有否驻车的检测数据。

步骤 S4 的训练是面向停车场中的所有停车位进行训练，得到一个反映全体停车位的深度神经网络，这个深度神经网络可以供所有的待测停车位使用，这样可以节省训练所需的时间/计算资源。

(10)步骤 S2 的相关状态和步骤 S7 的相关状态包括停车位上驻车车辆的类型，具体是根据车辆的大小进行划分的。例如，可以划分为小型车、中型车及大型车，分别用 2、3、4 表示，也可以使用其他预设的数值表示。划分的标准可以是车身的长度，如设定两个长度阈值以划分出 3 种大小的车型；划分的标准也可以采用本领域常用的划分标准，如轿车的划分标准等；还可以根据停车位实际的尺寸自定义。

第一相关检测数据和第二相关检测数据以图像来表示，深度神经网络的训练和深度学习采用用于图像识别的深度神经网络的训练和深度学习方法，以相应地对这些数据进行处理、完成对停车位的检测。

上述停车位检测方法基于大数据进行应用。具体是步骤 S1 中将获取到的第一相关检测数据存储于大数据，步骤 S2 中将获取到的真实相关状态存储于大数据，步骤 S4 中从大数据中读取第一相关检测数据作为深度神经网络的输入，步骤 S5 中将获取到的第二相关检测数据存储于大数据，步骤 S6 中从大数据中读取第二相关检测数据输入训练后的深度神经网络，步骤 S7 中将机器判定相关状态存储于大数据中。

8.1.2 基于深度学习和大数据的停车位检测系统

基于深度学习和大数据的停车位检测系统包括：训练输入数据获取模块，用于获取过去任一时刻下停车场中的待测停车位上有否驻车的第一相关检测数据；训练输出数据获取模块，用于获取过去任一时刻下待测停车位上有否驻车的真实相关状态；初始化模块，用于为待测停车位初始化一个深度神经网络，作为第一深度神经网络；训练模块，将过去任一时刻下第一相关检测数据和真实相关状态分别输入第一深度神经网络的输入层和输出层，对第一深度神经网络进行训练，多次训练直到第一深度神经网络符合预设条件，将符合预设条件的第一深度神经网络作为第二深度神经网络；检测数据获取模块，用于获取待测时刻下待测停车位上有否驻车的第二相关检测数据；停车检测模块，用于将第二相关检测数据输入第二深度神经网络进行深度学习；停车判定模块，用于将第二深度神经网络的相应输出作为待测时刻下待测停车位上有否驻车的机器判定相关状态。

8.2　基于大数据和深度学习的停车诱导

停车诱导[90]技术是辅助用户选择停车场的技术。

传统的停车诱导方法：将符合用户要求的所有停车场中距离用户预设目的地最近的停车场推荐给用户。并且根据使用的地点不同，一般存在两种情况。

如果用户将车开到目的地后使用停车诱导，如图 8.2 所示，那么从出发地到目的地的距离加上从目的地到被推荐的停车场的距离总会大于(大于的概率非常大)或等于从出发地到被推荐的停车场的距离(因为三角形的两边长之和肯定大于第三边长)，因此会增加用户的开车里程、延长用户的开车时间，从而造成用户成本的增加和用户时间的浪费。

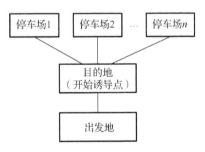

图 8.2　传统的诱导方法示意图之一

如果用户在出发地或距离目的地较远处使用停车诱导，如图 8.3 所示，那么符合用户要求的停车场必然较远，因此会导致用户将车开到停车场需要较长时间，而在这较长时间内被推荐的停车场内的情况已经发生了变化(如从有空闲停车位变为无空闲停车位)，那么就会导致用户停车失败。

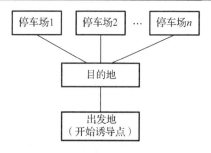

图 8.3　传统的诱导方法示意图之二

因此，传统的停车诱导方法存在增加用户成本的问题或者停车失败的问题。有必要提供一种能够提前且准确为用户推荐停车场的停车诱导方法。通过预估车辆到达目的地的第一时间，并预测在第一时间时各停车场的车位变化，根据预测结果推荐停车场，进而可以利用导航系统规划从当前位置到达具有最优条件的停车场的路线。该方法既可以做到提前规划到达停车场的路线，避免人力和时间成本的浪费，又相对准确，在预测算法稳定时，可以大概率避免因提前设定停车场导致停车失败的问题。

8.2.1　基于大数据和深度学习的停车诱导方法

图 8.4 所示为停车诱导方法流程图，该方法用于辅助用户选择目的地附近的停车场，包括以下步骤。

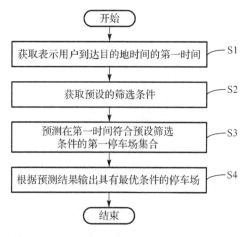

图 8.4　停车诱导方法流程图

（1）步骤 S1：获取表示用户到达目的地时间的第一时间。第一时间不是用户开车实际到达的时间，而是预计可能到达目的地的时间，与实际到达的时间存在一定的差别，但一般会在合理的误差区间内。预估第一时间的目的是预测在第一时间时停车场的车位状况。

（2）步骤 S2：获取预设的筛选条件。预设的筛选条件可以用来筛选目的地附近的停车场。筛选条件一般是符合用户要求的各种条件，可以包括距离约束条件和车位空闲状况约束条件。其中，距离约束条件是指以目的地为中心、约束距离为半径的范围；车位空闲状况约束条件是指车位数量、比例等。

筛选条件可以由用户自行设置，如用户选择目的地方圆 500 米内的停车场、停车位数量在 20 以上等。当用户没有设置筛选条件时，调取默认条件。默认条件，如目的地方圆 500 米内的停车场、停车位数量在 20 以上等。

（3）步骤 S3：预测在第一时间符合预设筛选条件的第一停车场集合。预测目的地附近的各停车场的车位变化，并根据预设的筛选条件将车位状况变化后的停车场进行筛选，获得第一停车场集合。

（4）步骤 S4：根据预测结果输出具有最优条件的停车场。从第一停车场集合中选择一个具有最优条件的停车场输出。该最优条件可以是距离近、车位多、环境好等条件中的一种或多种条件的综合评价。输出方式可以是向用户推荐。例如，输出第一停车场集合中距离目的地最近的停车场。

（5）步骤 S1 中第一时间可以由用户提供。例如，用户比较熟悉目的地，知道从出发地到目的地一般花多长时间，则可以由用户提供该第一时间。步骤 S1 中第一时间还可以按照如下方法计算，如图 8.5 所示。

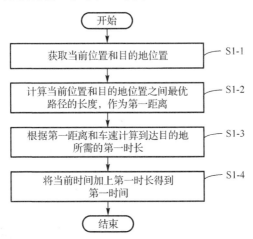

图 8.5　为图 8.3 中获取第一时间的方法流程图

步骤 S1-1：获取当前位置和目的地位置。获取当前位置的方法为用户输入或定位（如 GPS 定位）获得，目的地位置为用户预设。

步骤 S1-2：计算当前位置和目的地位置之间最优路径的长度，作为第一距离。

可以由车载导航系统获得该最优路径。

步骤 S1-3：根据第一距离和车速计算到达目的地所需的第一时长。车速可以是一段时间以内的平均车速，也可以是结合其他情况计算所得，如根据路况等。

步骤 S1-4：将当前时间加上第一时长得到第一时间。当前时间即选择停车场的时间。当开始采用上述方法选择停车场时，就开始执行上述处理流程，以处理上述流程的开始时间为当前时间。

(6) 如图 8.6 所示，步骤 S3 具体可以采用如下处理过程。

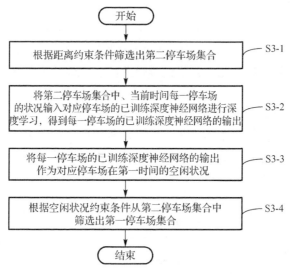

图 8.6　图 8.4 中预测过程的具体方法流程图

步骤 S3-1：根据距离约束条件筛选出第二停车场集合。即搜索并筛选在距离范围内的所有停车场，作为第二停车场集合。

步骤 S3-2：将第二停车场集合中、当前时间每一停车场的状况输入对应停车场的已训练深度神经网络进行深度学习，得到每一停车场的已训练深度神经网络的输出。即通过已训练深度神经网络，根据当前停车场的状况预测第一时长后(即第一时间)停车场的状况。

步骤 S3-3：将每一停车场的已训练深度神经网络的输出作为对应停车场在第一时间的空闲状况。空闲状况可以采用空闲车位的比例、数量或根据比例、数量定义的预设状态来表示。例如，0%表示完全空闲，50%表示一半空闲，100%表示零空闲。停车场的空闲状况也可以用"非常空闲""比较空闲""不空闲"等预设状态来表示，为了便于计算，这些预设状态可以对应为数字编码，如"非常空闲"对应1、"比较空闲"对应2、"不空闲"对应3等。

步骤 S3-4：根据空闲状况约束条件从第二停车场集合中筛选出第一停车场集合。

即从第二停车场集合中筛选出第一时间的空闲状况符合空闲状况约束条件的停车场加入第一停车场集合。

由于深度学习和深度神经网络的预测精度非常高(这已经在很多应用中得到了印证,如图像识别、语音识别,而空闲状况与图像数据或语音数据没有本质上的区别,如将停车场中每个车位作为一个像素点,如果占用则该像素点为黑,否则为白,则每个时间的停车场的空闲状况都可以用一个图像来表示),所以可以高精度地预测到停车场在车到达预设目的地时的空闲状况。

在预测步骤 S3-2 之前,还包括:采用第二停车场集合中、具有第一时长跨度的每一停车场空闲状况数据训练对应停车场的深度神经网络,得到每一停车场的深度神经网络。深度神经网络一般需要输入大量有效的数据对其进行训练,才能在预测时更加准确。由于需要预测第一时长后的车位状况变化,因此需要输入具有第一时长跨度的停车场空闲状况数据对停车场的深度神经网络进行训练。

(7)如图 8.7 所示,步骤 S3-2 采用具有第一时长跨度的每一停车场的空闲状况数据训练一个深度神经网络,得到每一停车场的已训练深度神经网络,具体包括以下步骤。

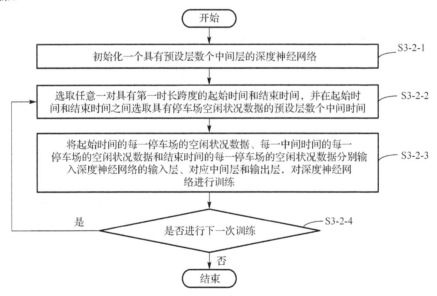

图 8.7　训练深度神经网络的方法流程图

步骤 S3-2-1:初始化一个具有预设层数个中间层的深度神经网络。

将深度神经网络的输入层及输出层的数据结构初始化为每一停车场的空闲状况数据的数据结构。或者,也可以将深度神经网络的输入层及输出层的数据结构初始化为每一停车场的空闲状况数据可以转化成的数据结构。同时,将深度神经网络初始化出预设层数个中间层。中间层的预设层数可以是任一大于或者等于 0 且小于或者等于第一时长跨度中除起始时间和结束时间之外的具有停车场空闲状况数据的时间的个数。

步骤 S3-2-2：选取任意一对具有第一时长跨度的起始时间和结束时间，并在起始时间和结束时间之间选取具有停车场空闲状况数据的预设层数个中间时间。选取的一对起始时间和结束时间可以是历史上任意的时间，并且在该时间有相关的停车场空闲状况数据。可以选取历史上每一天与本次预测对应的出发时间和到达时间。

步骤 S3-2-3：将起始时间的每一停车场的空闲状况数据、每一中间时间的每一停车场的空闲状况数据和结束时间的每一停车场的空闲状况数据分别输入深度神经网络的输入层、对应中间层和输出层，对深度神经网络进行训练。将每一停车场的历史上的实际数据输入到深度神经网络中进行训练，可以获得每一停车场的深度神经网络。训练的数据越有效且训练数据量越大，预测的结果越准确。

步骤 S3-2-4：判断是否对深度神经网络进行下一次训练，若是，则回到步骤 S3-2-2 重新执行上述各步骤，否则结束并将深度神经网络作为每一停车场的已训练深度神经网络。在执行此次预测之前，都可以利用每一停车场的已有数据持续对深度神经网络进行训练，直到利用验证集对深度神经网络进行验证时得到的误差小于阈值为止。

判断的步骤：选取距离当前时间最近的一对具有第一时长跨度的起始时间和结束时间；将起始时间的每一停车场的空闲状况数据输入深度神经网络的输入层，然后通过深度神经网络的深度学习得到深度神经网络的输出层的输出结果；将输出结果与结束时间的每一停车场的空闲状况数据进行对比，如果对比得到的误差大于预设阈值，则对深度神经网络进行下一次训练，否则结束训练并将深度神经网络作为每一停车场的已训练深度神经网络。

在预测步骤 S3-2 之前，深度神经网络也可以是已经训练成型，可以直接在步骤 S3-2 中使用。

上述训练过程中所涉及的数据，即起始时间的停车场空闲状况数据和结束时间的停车场空闲状况数据都存入大数据，并且，还将各停车场的实时空闲状况数据都存入大数据。这些大量的数据可以用作大数据分析，进一步帮助提高预测的准确性。

8.2.2　基于大数据和深度学习的停车诱导系统

下面提供一种用于辅助用户选择目的地附近停车场的停车诱导系统。

(1)如图 8.8 所示，停车诱导系统包括时间获取模块 1、条件设置模块 2、预测模块 3、输出模块 4、训练模块 5、大数据 6 以及导航模块 7。

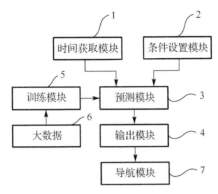

图 8.8　停车诱导系统模块图

时间获取模块 1 用于获取表示用户到达目的地时间的第一时间。

条件设置模块 2 用于获取预设的筛选条件。

预测模块 3 用于预测在第一时间符合预设筛选条件的第一停车场集合。

输出模块 4 根据预测结果输出具有最优条件的停车场。

训练模块 5 用于采用第二停车场集合中、具有第一时长跨度的每一停车场空闲状况数据训练对应停车场的深度神经网络，得到每一停车场的深度神经网络。

大数据 6 用于存储起始时间的停车场空闲状况数据和结束时间的停车场空闲状况数据。

导航模块 7 利用导航系统规划从当前位置到达具有最优条件的停车场的路线。

(2)时间获取模块 1 可以包括供用户输入第一时间的输入单元,由用户提供该第一时间。

如图 8.9 所示，时间获取模块 1 也可以包括位置获取单元 1-1、距离计算单元 1-2、时长计算单元 1-3 和时间计算单元 1-4。

位置获取单元 1-1 用于获取当前位置和目的地位置。获取当前位置的方法为用户输入或定位获得，目的地位置为用户预设。

距离计算单元 1-2 用于计算当前位置和目的地位置之间的最优路径的长度，作为第一距离。

时长计算单元 1-3 用于根据第一距离和车速计算到达目的地所需的第一时长。

时间计算单元 1-4 用于将当前时间加上第一时长得到第一时间。

(3)如图 8.10 所示，条件设置模块 2 可以包括用户设置单元 2-1 和系统设置单元 2-2。

用户设置单元 2-1 供用户设置预设的筛选条件。

系统设置单元 2-2 设置系统默认条件，用于当用户没有设置筛选条件时，供调取。

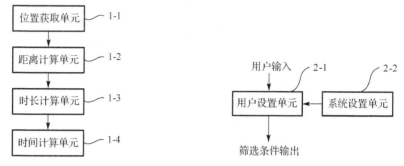

图 8.9　图 8.8 中时间获取模块的一种具体模块图　　　图 8.10　条件设置模块的一种具体模块图

(4)如图 8.11 所示,预测模块 3 包括依距离筛选单元 3-1、深度神经网络处理单元 3-2 以及依空闲状况筛选单元 3-3。

依距离筛选单元 3-1 用于根据距离约束条件筛选出第二停车场集合。

深度神经网络处理单元 3-2 用于将第二停车场集合中、当前时间每一停车场的状况输入对应停车场的已训练深度神经网络进行深度学习,得到每一停车场的已训练深度神经网络的输出;并将每一停车场的已训练深度神经网络的输出作为对应停车场在第一时间的空闲状况。空闲状况采用空闲车位的比例、数量或根据比例、数量定义的预设状态来表示。

依空闲状况筛选单元 3-3 用于根据空闲状况约束条件从第二停车场集合中筛选出第一停车场集合。即从第二停车场集合中筛选出第一时间的空闲状况符合空闲状况约束条件的停车场加入第一停车场集合。

(5)如图 8.12 所示,训练模块 5 包括选择单元 5-1、训练单元 5-2 和循环控制单元 5-3。

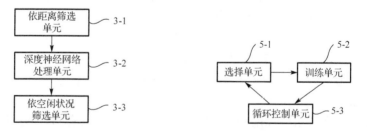

图 8.11　图 8.8 中预测模块的一种具体模块图　　　图 8.12　训练模块的一种具体模块图

选择单元 5-1 用于选取任意一对具有第一时长跨度的起始时间和结束时间。

训练单元 5-2 将起始时间的每一停车场空闲状况数据和结束时间的每一停车场空闲状况数据输入每一停车场的深度神经网络进行训练。

循环控制单元 5-3 用于选择单元 5-1 和训练单元 5-2 重复工作。

8.3　基于停车难易度大数据的停车场空闲状况预测

随着城市车辆保有量的不断增加，城市交通的发展瓶颈不仅体现在道路交通的拥挤上，也体现在停车场管理效率大大滞后于社会发展的需要上，落后的停车场管理[91]技术给停车场管理方、使用者，甚至周边道路的通行能力都带来了极大的不便。

停车场管理效率的一个重要方向，是对停车场空闲状况的准确估计和预测。目前，在对停车场的空闲状况进行预测时，通常是实时地对停车场的各停车位是否停有车辆进行监测，或者是由停车场的保安等工作人员主观地估计和汇报停车场的空闲状况。实时对停车场的各停车位是否停有车辆进行监测的方式，需要部署和维护大量的监测设备，成本非常高，而由保安等工作人员估计和汇报的方式，人工成本高，且受主观因素影响过大，精确度低。

因此有必要提供停车场空闲状况预测方法及一种停车场空闲状况预测系统，其可以准确地预测停车场的空闲状况，精确度高且成本低。通过获取当前停车场当前时间的当前停车难易度大数据，并基于当前停车场的当前停车难易度大数据确定当前停车场当前时间的空闲状况，且当前停车场的当前停车难易度大数据与当前时间车辆进入当前停车场至完成停车的寻停车位时间有关，由于一般情况下，停车场空闲时车辆进入停车场后可以较为快速地完成停车，而在停车场不够空闲的情况下，车辆进入停车场后需要花费较多的时间完成停车过程，从而可以较佳地反映出当前停车场的空闲状况，其不需要部署大量的监测设备，也无须过多地人工参与，即可以准确地预测停车场的空闲状况，精确度高且成本低。

8.3.1　基于停车难易度大数据的停车场空闲状况预测方法

（1）图 8.13 所示为停车场空闲状况预测方法的流程示意图。停车场空闲状况预测方法包括如下步骤。

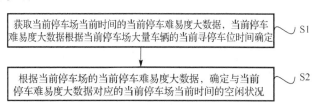

图 8.13　停车场空闲状况预测方法的流程图

步骤 S1：获取当前停车场当前时间的当前停车难易度大数据，当前停车难易度大数据根据当前停车场大量车辆的当前寻停车位时间确定，当前寻停车位时间根据当前时间车辆在当前停车场的寻停车位时间确定，寻停车位时间为车辆进入当前停车场的进场时间与车辆在当前停车场完成停车的停车时间之间的时间差。

步骤 S2，根据当前停车场的当前停车难易度大数据，确定与当前停车难易度大数据对应的当前停车场当前时间的空闲状况。

上述当前停车场的当前寻停车位时间，可以是与当前时间最邻近的时间内完成停车的一个车辆的寻停车位时间。出于准确性和合理性的考虑，上述当前停车场的当前寻停车位时间，可以为当前时间的相邻预设时间段内在当前停车场内完成停车的各车辆的寻停车位时间的平均值或者加权平均值。

(2)在上述步骤 S1 的获取当前停车场当前时间的当前停车难易度大数据之前，还可以包括步骤：获取当前停车场的各任意时间的停车难易度大数据；获取与各任意时间的停车难易度大数据分别对应的、当前停车场的各任意时间的空闲状况。

其中，获取的当前停车场的各任意时间的停车难易度大数据、当前停车场的各任意时间的空闲状况，可以存入数据库，以供后续使用。

在步骤 S2 中，可以基于上述获取的当前停车场的各任意时间的停车难易度大数据、当前停车场的各任意时间的空闲状况，确定与当前停车难易度大数据对应的当前停车场当前时间的空闲状况。基于考虑因素的不同，可以采用不同的方式进行。

在其中一种具体的应用示例中，可以根据上述获取的当前停车场的各任意时间的停车难易度大数据，与各任意时间的停车难易度大数据分别对应的、当前停车场的各任意时间的空闲状况，将当前停车难易度大数据与当前停车场的各任意时间的停车难易度大数据进行匹配，获得与当前停车难易度大数据匹配度最高的一个任意时刻的停车难易度大数据；然后将匹配度最高的一个任意时刻的停车难易度大数据对应的空闲状况，确定为当前停车场当前时间的空闲状况。

在另一个具体的应用示例中，可以根据上述获取的当前停车场的各任意时间的停车难易度大数据，与各任意时间的停车难易度大数据分别对应的、当前停车场的各任意时间的空闲状况，确定上述当前停车场的停车难易度大数据与空闲状况之间的函数关系，然后在上述步骤 S2 中，根据当前停车场的停车难易度大数据与空闲状况之间的函数关系，确定与当前停车难易度大数据对应的当前停车场当前时间的空闲状况。

上述当前停车场的停车难易度大数据与空闲状况之间的函数关系，基于不同的考虑因素，可以采用不同的方式进行。

其中一种方式，可以是将当前停车场的各任意时间的停车难易度大数据作为预设神经网络的输入，将与各任意时间的停车难易度大数据分别对应的、当前停车场的各任意时间的空闲状况分别作为预设神经网络的输出，对预设神经网络进行训练；然后将训练得到的神经网络作为当前停车场的停车难易度大数据与空闲状况之间的函数关系。

　　另一种方式，可以是根据当前停车场的各任意时间的停车难易度大数据、当前停车场的各任意时间的空闲状况，得到各任意时间的停车难易度大数据与空闲状况之间的关联数据对；然后对各关联数据对进行曲线拟合或曲线插值，并将曲线拟合或曲线插值得到的函数关系作为当前停车场的停车难易度大数据与空闲状况之间的函数关系。

　　还可以采用其他的方式，来根据当前停车场的各任意时间的停车难易度大数据、当前停车场的各任意时间的空闲状况，得到当前停车场的停车难易度大数据与空闲状况之间的函数关系，只要得到的该函数关系能够符合各任意时间的停车难易度大数据与各任意时间的空闲状况之间的关系即可。

　　结合上述确定与当前停车难易度大数据对应的当前停车场当前时间的空闲状况的两种不同方式，就其中的具体应用示例进行详细举例说明。

　　(3) 图 8.14 所示为停车场空闲状况预测方法的扩展流程图。该具体示例中是直接将当前停车难易度大数据与各任意时间的停车难易度大数据进行匹配，以确定当前停车场当前时间的空闲状况为例进行说明。

　　如图 8.14 所示，停车场空闲状况预测方法包括如下过程。

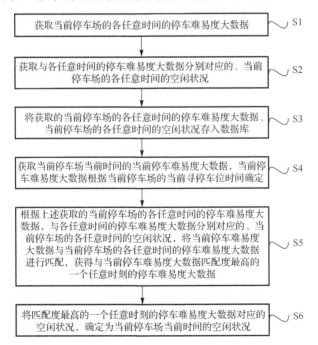

图 8.14　停车场空闲状况预测方法的扩展流程图

　　步骤 S1：获取当前停车场的各任意时间的停车难易度大数据。

　　当前停车场的一个任意时间的停车难易度大数据，可以根据该任意时间的当前停车场的寻停车位时间确定。该任意时间的当前停车场的寻停车位时间，可以是与该任意时间最邻近的时间内完成了停车的一个车辆的寻停车位时间。出于准确性和合理性的考虑，该任意时间的当前停车场的寻停车位时间，也可以为该任意时间的相邻预设时间段内在当前停车场内完成停车的各车辆的寻停车位时间的平均值或者加权平均值。

上述该任意时间的相邻预设时间段，指的是在该任意时间之前的相邻预设时间段，且该相邻预设时间段可以包括该任意时间。预设时间段的时间长度，可以是结合实际需要进行设定。

如上所述，车辆进入当前停车场到找到车位完成停车所需的时间，为该车辆在当前停车场的寻停车位时间，该车辆在当前停车场的寻停车位时间的长短，反映了该车辆在当前停车场的停车难易度大数据。当前停车场最近完成停车的多个车辆的寻停车位时间的平均值或者加权平均值，反映了当前停车场在该时间的停车难易度大数据。

可以通过预设函数 F 来表征当前停车场的停车难易度大数据，例如，当前停车场的一个任意时间的停车难易度大数据 = F(该任意时间的相邻预设时间段内在当前停车场内完成停车的各车辆的寻停车位时间的平均值或者加权平均值)。预设函数 F 的具体的函数表现形式，可以结合实际应用需要进行设定。从而通过预设函数 F，根据在一个任意时间的相邻预设时间段内在当前停车场内完成停车的各车辆的寻停车位时间的平均值或者加权平均值，可以确定当前停车场在该任意时间的停车难易度大数据。重复上述过程，可以得到当前停车场在各个任意时间的停车难易度大数据。

在确定车辆的寻停车位时间时，车辆进入当前停车场到找到车位完成停车所需的时间，可以通过当前停车场的已有设备监测到。例如，车辆在进入当前停车场时，可以通过摄像头对车辆进行识别，或者车辆进入时的刷卡或取卡操作，而获知车辆进入了当前停车场。当车辆在当前停车场找到车位并停好时，可以通过当前停车场中设置的摄像头或地磁进行感知，进而计算出车辆进入当前停车场的时间和车辆停好的时间的时间差，得到车辆在当前停车场的寻停车位时间。由于这种方式利用的是停车场中已有的设备，无须再部署和设置大量的检测设备，也无须过多地人工参与，成本低廉。

另外一种确定车辆的寻停车位时间的方式，可以不局限于停车场是否安装有监测设备，其可以在车主的手机中安装相关的第三方应用程序(application，APP)，车主在进入当前停车场时，车主在其手机 APP 进行登记，当车主在当前停车场找到车位将车辆停好时，再在其手机 APP 进行登记，通过计算两次登记的时间差，即可得到车辆在该当前停车场的寻停车位时间。

当然，可以不局限于上述方式，还可以采用其他的方式来确定车辆的寻停车位时间，对具体的确定寻停车位的时间不作详细叙述。

步骤 S2：获取与各任意时间的停车难易度大数据分别对应的、当前停车场的各任意时间的空闲状况。

当前停车场的任意时间的空闲状况，可以用百分比来表示，例如，在一个具体应用实例中，可以用 0%表示完全空闲，用 50%表示一半空闲，用 100%表示零空闲。即当前停车场的某个任意时间的空闲状况=当前停车场的该任意时间的空闲百分比=该任意时间的当前停车场的空闲停车位数÷该任意时间的当前停车场的总停车位数。

当前停车场的任意时间的空闲状况，也可以用"非常空闲""比较空闲""不太空闲"等预设状态来表示。为了便于后面的函数计算，这些预设状态也可以对应为数字编码，例如，"非常空闲"对应的数字编码可以是 1、"比较空闲"对应的数字编码可以是 2、"不太空闲"对应的数字编码可以是 3。例如，在一个具体应用实例中，设定 1/2 以上停车位空闲，则为"非常空闲"状态；设定 1/4～1/2 停车位空闲，则为"比较空闲"状态；设定 1/4 以下停车位空闲，则为"不太空闲"状态。

有多少个停车位空闲，即当前停车场的某个任意时间的空闲状况，可以采用任何可能的方式进行。可以通过人工的方式去数，也可以通过监测设备进行监测，如通过摄像头识别或地磁设备进行检测。无论是人工统计的方式还是监测设备进行监测的方式，都需要花费一定的监测成本，但是由于只是在实际投入使用前的一次性短期采集，因此该成本实际上是一次性的而且是短期的，相对于传统的长期人工统计的方式或者通过设备监测的方式而言，成本还是较低。

步骤 S3：将获取的当前停车场的各任意时间的停车难易度大数据、当前停车场的各任意时间的空闲状况存入数据库。

上述获取的当前停车场的各任意时间的停车难易度大数据、当前停车场的各任意时间的空闲状况，可以存储在数据库，以供后续在实际投入使用后据此预测当前停车场的空闲状况。其中，该数据库的具体位置，可以是设置在本地，也可以是设置在云端的云端数据库，对数据库的具体位置不进行限定。

步骤 S4：获取当前停车场当前时间的当前停车难易度大数据，当前停车难易度大数据根据当前停车场的当前寻停车位时间确定。当前寻停车位时间根据当前时间车辆在当前停车场的寻停车位时间确定，寻停车位时间为车辆进入当前停车场的进场时间与车辆在当前停车场完成停车的停车时间之间的时间差。

上述获取的当前停车场当前时间的当前停车难易度大数据，也可以存储在数据库中，以便后续进行使用，其可以据此实现对数据库中数据的更新。获取当前停车场当前时间的当前停车难易度大数据的方式，与上述获取当前停车场的一个任意时间的停车难易度大数据的方式相同，在此不再展开赘述。

步骤 S5：根据上述获取的当前停车场的各任意时间的停车难易度大数据，与各任意时间的停车难易度大数据分别对应的、当前停车场的各任意时间的空闲状况，将当前停车难易度大数据与当前停车场的各任意时间的停车难易度大数据进行匹配，获得与当前停车难易度大数据匹配度最高的一个任意时刻的停车难易度大数据。

其中，这里的匹配度最高，可以结合实际需要进行设定，例如，可以是将与当前停车难易度大数据之间的差值最小的一个任意时刻的停车难易度大数据，作为匹配度最高的停车难易度大数据。

步骤 S6：将匹配度最高的一个任意时刻的停车难易度大数据对应的空闲状况，确定为当前停车场当前时间的空闲状况。

（4）图 8.15 中所示为另一种停车场空闲状况预测方法的流程示意图。该具体示例中是以先确定当前停车场的停车难易度大数据与空闲状况之间的函数关系，然后基于该函数关系确定当前停车场当前时间的空闲状况为例进行说明。

如图 8.15 所示，停车场空闲状况预测方法包括如下步骤。

步骤 S1：获取当前停车场的各任意时间的停车难易度大数据。

步骤 S2：获取与各任意时间的停车难易度大数据分别对应的、当前停车场的各任意时间的空闲状况。

步骤 S3：根据上述获取的当前停车场的各任意时间的停车难易度大数据，与各任意时间的停车难易度大数据分别对应的、当前停车场的各任意时间的空闲状况，确定当前停车场的停车难易度大数据与空闲状况之间的函数关系。

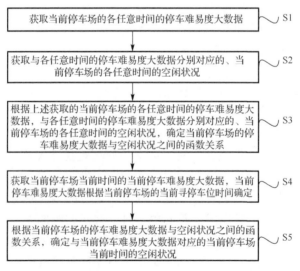

图 8.15　另一种停车场空闲状况预测方法的流程示意图

上述获取的当前停车场的各任意时间的停车难易度大数据、当前停车场的各任意时间的空闲状况，可以存储在数据库，以供步骤 S3 中读取出并确定函数关系。

基于确定的当前停车场的停车难易度大数据与空闲状况之间的函数关系，假设该函数关系记为 G，则有：当前停车场的一个任意时间的空闲状况=G（该当前停车场的该任意时间的停车难易度大数据）。

而函数关系 G，可以结合实际需要进行设定。

其中一种方式，可以是将当前停车场的各任意时间的停车难易度大数据作为预设神经网络的输入，将与各任意时间的停车难易度大数据分别对应的、当前停车场的各任意时间的空闲状况分别作为预设神经网络的输出，对预设神经网络进行训练；然后将训练得到的神经网络作为当前停车场的停车难易度大数据与空闲状况之间的函数关系 G。其中，训练得到的神经网络的输入对应函数关系 G 的输入，训练得到的神经网络的输出对应函数关系 G 的输出。

另一种方式，可以是根据当前停车场的各任意时间的停车难易度大数据、当前停车场的各任意时间的空闲状况，得到各任意时间的停车难易度大数据与空闲状况之间的关联数据对；然后对各关联数据对进行曲线拟合或曲线插值，并将曲线拟合或曲线插值得到的函数关系作为当前停车场的停车难易度大数据与空闲状况之间的函数关系。具体的拟合和插值方式可以采用目前已有以及以后可能出现的任何方式进行。

还可以采用其他的方式，根据当前停车场的各任意时间的停车难易度大数据、当前停车场的各任意时间的空闲状况，来得到当前停车场的停车难易度大数据与空闲状况之间的函数关系，只要得到的该函数关系能够符合各任意时间的停车难易度大数据与各任意时间的空闲状况之间的关系即可。

步骤 S4：获取当前停车场当前时间的当前停车难易度大数据，当前停车难易度大数据根据当前停车场的当前寻停车位时间确定。

步骤 S5：根据当前停车场的停车难易度大数据与空闲状况之间的函数关系，确定与当前停车难易度大数据对应的当前停车场当前时间的空闲状况。

8.3.2　基于停车难易度大数据的停车场空闲状况预测系统

（1）基于与上述方法相同的思想，图 8.16 所示为停车场空闲状况预测系统的结构示意图。

图 8.16　停车场空闲状况预测系统的结构示意图

如图 8.16 所示，停车场空闲状况预测系统包括当前停车难易度大数据获取模块 2 和空闲状况确定模块 3。

当前停车难易度大数据获取模块 2：用于获取当前停车场当前时间的当前停车难易度大数据。

空闲状况确定模块 3：用于根据当前停车场的当前停车难易度大数据，确定与当前停车难易度大数据对应的当前停车场当前时间的空闲状况。

其中，上述空闲状况确定模块 3 在确定与当前停车难易度大数据对应的当前停车场当前时间的空闲状况时，基于考虑因素的不同，可以采用不同的方式进行。

(2) 图 8.17 所示为停车场空闲状况预测系统的第一种结构示意图。如图 8.17 所示，在图 8.16 所示系统的基础上，该具体示例的系统中的空闲状况确定模块 3 包括：匹配分析确定模块 3-1，用于根据事先获取的当前停车场的各任意时间的停车难易度大数据，与各任意时间的停车难易度大数据分别对应的、当前停车场的各任意时间的空闲状况，将当前停车难易度大数据与当前停车场的各任意时间的停车难易度大数据进行匹配，获得与当前停车难易度大数据匹配度最高的一个任意时刻的停车难易度大数据，并将匹配度最高的一个任意时刻的停车难易度大数据对应的空闲状况，确定为当前停车场当前时间的空闲状况。

在此基础上，如图 8.17 所示，系统还包括：基础数据获取模块 1-1，用于获取当前停车场的各任意时间的停车难易度大数据，获取与各任意时间的停车难易度大数据分别对应的、当前停车场的各任意时间的空闲状况。

其中，上述基础数据获取模块 1-1，还可以将获取的当前停车场的各任意时间的停车难易度大数据、当前停车场的各任意时间的空闲状况存入数据库，以供匹配分析确定模块 3-1 从数据库获取并使用。

(3) 图 8.18 所示为第二种停车场空闲状况预测系统的结构示意图。如图 8.18 所示，在图 8.16 所示的系统的基础上，该具体示例的系统中的空闲状况确定模块 3 包括：函数分析确定模块 3-1，用于根据当前停车场的停车难易度大数据与空闲状况之间的函数关系，确定与当前停车难易度大数据对应的当前停车场当前时间的空闲状况。其中，函数关系可以是根据事先获取的当前停车场的各任意时间的停车难易度大数据，与各任意时间的停车难易度大数据分别对应的、当前停车场的各任意时间的空闲状况确定。

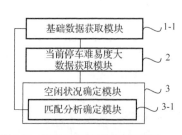

图 8.17 停车场空闲状况预测系统
的第一种详细结构示意图

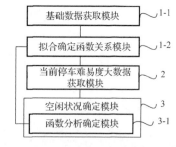

图 8.18 停车场空闲状况预测系统
的第二种详细结构示意图

如图 8.18 所示，系统还包括：拟合确定函数关系模块 1-2，用于根据当前停车场的各任意时间的停车难易度大数据、当前停车场的各任意时间的空闲状况，得到各任意时间的停车难易度大数据与空闲状况之间的关联数据对，并对各关联数据对进行曲线拟合或曲线插值，并将曲线拟合[92]或曲线插值[93]得到的函数关系作为当前停车场的停车难易度大数据与空闲状况之间的函数关系。

(4)另外一种方式，可以基于神经网络训练得到上述函数关系。图 8.19 所示为第三种停车场空闲状况预测系统的结构示意图。在该具体示例中，相对于图 8.18 所示的具体示例中的系统，除了共同包括基础数据获取模块 1-1、当前停车难易度大数据获取模块 2、空闲状况确定模块 3(空闲状况确定模块 3 包括函数分析确定模块 3-1)，还包括：训练确定函数关系模块 1-3，用于将当前停车场的各任意时间的停车难易度大数据作为预设神经网络的输入，将与各任意时间的停车难易度大数据分别对应的、当前停车场的各任意时间的空闲状况分别作为预设神经网络的输出，对预设神经网络进行训练；并将训练得到的神经网络作为当前停车场的停车难易度大数据与空闲状况之间的函数关系。

上述各具体示例中的停车场空闲状况预测系统，是分别就其中一种实现方式下系统的结构进行举例说明。而在实际的系统开发及应用中，停车场空闲状况预测系统，可以包含上述各具体示例中的各模块，在实际的技术应用场景中，再选择具体采用哪种方式、进而选中相关的模块进行当前停车场的停车状况。

(5)图 8.20 所示为第四种停车场空闲状况预测系统的结构示意图。

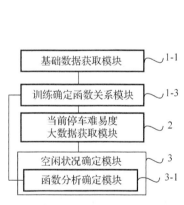

图 8.19　停车场空闲状况预测系统的
第三种详细结构示意图

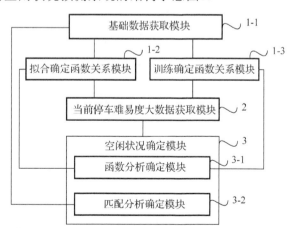

图 8.20　停车场空闲状况预测系统的
第四种详细结构示意图

如图 8.20 所示，系统可以同时包括上述基础数据获取模块 1-1、拟合确定函数关系模块 1-2、训练确定函数关系模块 1-3、当前停车难易度大数据获取模块 2、空闲状况确定模块 3。空闲状况确定模块 3 包括函数分析确定模块 3-1、匹配分析确定模块 3-2。图 8.20 所示系统中的各模块的功能与上述各具体示例中的具有相同名称的模块的功能相同，在此不再赘述。在实际的技术应用中，可以自由确定各模块之间的组合关系，从而采用不同的方式来确定当前停车场当前时间的空闲状况。

8.4　基于时段设置和大数据的停车位预订

传统的停车位预订，如果用户预订了某个时间段的停车位，在临近这个时间段时，用户就无法取消或修改预订，即使用户在该时间段内没有停车，这个时间段内的停车位将会闲置，同时按照预订的时间段向用户收取费用。此外，如果用户预订了某个时间段的停车位，那么在这个时间段内，即使用户的车子提前开走了，用户同样要按照预订的时间段付费，并且在这个时间段结束之前停车位将会闲置。另外，如果用户预订了某个时间段的停车位，在临近这个时间段时，用户就无法推迟这个时间段的开始时间，即使用户推迟停车，从这个时间段开始到用户实际停车之间的时段内同样会向用户收取费用，并且停车位将会闲置。总之，传统技术在停车位预订时，如果用户预订了某个时间段的停车位，那么在临近这个时间段时取消、修改、提前走、推迟来的损失均由用户承担，这既增大了用户的开销，也对宝贵且紧张的停车场资源造成了浪费。

有必要提供一种提高停车场的停车位利用率[94]的停车位预订[95]方法。停车位预订方法和系统，通过允许用户随时对自己预订的停车位进行退订和部分退订，并允许被退订的停车位空闲时段重新被预订，从而可以提高停车场的停车位资源利用率。

8.4.1　基于时段设置和大数据的停车位预订方法

(1)图 8.21 所示为停车位预订方法的流程图，包括下列步骤。

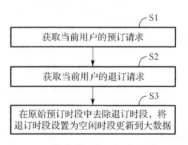

图 8.21　停车位预订方法的流程图

步骤 S1：获取当前用户的预订请求。

用户根据停车场中各停车位的空闲时段，结合自己的停车需求向系统提交对停车位的预订请求。系统获取该用户对停车位的预订请求，将预订请求中该用户预订的停车位的预订停车时段设置为该用户的原始预订时段。其中，具体选择哪个停车位进行预订，可以由用户根据系统提示，自己从空闲的停车位中选取；也可以在用户选择了预订停车时段后，由系统自动分配一个空闲的停车位。

步骤 S2：获取当前用户的退订请求。

用户在需要对预订的停车位进行修改时，如需要取消预订、提前走、推迟来时，可以向系统发送退订请求。退订请求中包含退订时段，退订时段为原始预订时段的子时段，即用户可以取消对此次停车的预订，也可以对整个原始预订时段中的一部分时段进行退订，以满足用户的个性化停车需要(如比预订时间提前开走、推迟开始停车的时间等)。当然，实际在整个停车过程中用户也可以不进行退订、不发送退订请求。

步骤 S3：在原始预订时段中去除退订时段，将退订时段设置为空闲时段更新到大数据。

系统根据用户的退订请求，在该用户的原始预订时段中去除退订时段后作为更新后的已预订时段，并将退订时段设置为空闲时段更新到大数据中，其他用户可以选择该空闲时段进行停车预订。将退订时段设置为空闲时段更新到大数据的具体实现，包括将退订时段设置为空闲时段并更新到空闲时段的大数据表 HBASE 中。

上述停车位预订方法，通过允许用户随时对自己预订的停车位进行退订和部分退订(即保留一部分的预订时段，将其他的预订时段进行退订)，并允许被退订的停车位空闲时段重新被任何一个用户预订，从而可以提高停车场的停车位资源利用率。同时由于不向当前用户收取退订后被其他用户再利用的时段的停车费用，所以减少了当前用户由于退订或修改预订造成的经济损失。

(2)图 8.22 为停车位预订方法的扩展流程图，该方法包括以下步骤。

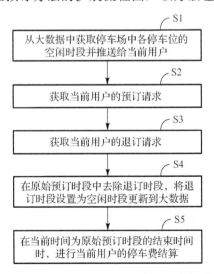

图 8.22　停车位预订方法的扩展流程图

步骤 S1：从大数据中获取停车场中各停车位的空闲时段并推送给当前用户。

各用户发出退订请求后，系统会将退订时段实时更新到大数据中，让其他用户可以及时地获知最新的空闲时段。系统向用户推送各停车位的空闲时段，用户可以据此选取自己想要的停车位。

步骤 S2：获取当前用户的预订请求。

预订成功以后系统还可以向用户发送相应提示。

步骤 S3：获取当前用户的退订请求。

退订成功(包括只对原始预订时段中的一部分时段进行退订)以后系统还可以向用户发送相应提示。

步骤 S4：在原始预订时段中去除退订时段，将退订时段设置为空闲时段更新到大数据。

步骤 S5：在当前时间为原始预订时段的结束时间时，进行当前用户的停车费结算。

在当前时间为某个用户的原始预订时段的结束时间时，说明在该原始预订时段中已退订且未被利用的时段不会再被其他用户预订，所以就可以进行该用户的停车费结算了。

由于当前用户可能进行了多次预订/退订操作，因此可能会存在多个连续的原始预订时段(即多个原始预订时段是连在一起的)，那么在每个原始预订时段的结束时间都会进行一次停车费结算，并在最后一个原始预订时段的结束时间进行一次总结算。

计算当前用户需要支付停车费的时长具体是通过如下方式：将当前用户的原始预订时段的时长减去其他用户的原始预订时段在退订时段中的时长，加上其他用户的退订时段在当前用户的退订时段中的时长，计算得到当前用户需要支付停车费的时长。

对于最简单的情况，将当前用户需要支付停车费的时长乘以单位时长的停车费，就可以得到当前用户需要支付的停车费。对于其他计费方式，如分段收费、峰谷收费，也可以相应计算得到停车费。

这种预订及计费方式中，当前用户退订的停车位时段(即退订时段)会作为空闲时段向其他用户开放，从而提高了停车位的利用率。同时如果退订的停车位时段被其他用户预订使用，虽被当前用户退订但被其他用户再利用的时段就无须当前用户支付费用，从而降低了用户停车的成本，也降低了退订所带来的损失。但如果退订的停车位时段中有未被其他用户利用的时段，被退订且未被再利用的时段仍需要当前用户支付费用。由于当前用户退订的停车位时段有可能先后被多个用户先预订后退订，因此在计算当前用户需要支付停车费的时长时需要加上其他用户退订时段在当前用户的退订时段中的时长。

用户在需要对预订的停车位进行修改时,可以通过预订与退订组合来实现。例如,将 3：00～5：00 的预订修改为 4：00～6：00 的预订,则等同于退订 3：00～4：00,并预订 5：00～6：00。同理,用户也同样可以将 3：00～5：00 的预订修改为 2：00～4：00 的预订。对于这种情况,在进行停车费结算时,系统可以先判断是否已到达用户的离场时间(包括预订的停车时间已到时和用户提前离场进行结费),如果没有到达用户的离场时间,可以只计算用户需要支付停车费的时长,待用户离场时再将多次计算的时长累加后结费。

对于用户提前离场的情况,需要在离场时进行停车费的结费。由于可能出现在用户离场时退订时段尚未被其他用户预订,但在用户离场后一部分退订时段被其他用户预订的情况,因此离场时收取的停车费如果大于步骤 S5 计算得到的停车费,则对该用户进行退费操作,将大于的部分退回给该用户。由于会存在不便退费的情况,如现金支付停车费,因此可以不对这一部分费用进行退费。所以会有多个用户重复支付该个停车位的该个未被利用时段的停车费,从而能给停车场带来更高的收益。

下面通过一个具体的应用场景来对图 8.22 进行说明。

用户 A 需要使用某停车场,他打开了相应的停车软件(可以是个人计算机上的软件或者其他终端上的 APP),系统从大数据(如存储在 HBase[96]中的停车大数据)中获取该停车场中各停车位的空闲时段并推送给用户 A,用户 A 在查看后选择了其中一个停车位,预订 3：00～5：00 的停车时段作为预订请求发送给系统。系统将该停车位 3：00～5：00 的时段作为用户 A 的原始预订时段记录在大数据中,并向用户发送预订成功的提示。

在 3：00 之前,用户 A 的出行计划需要调整,于是用户 A 再次打开停车软件,在看到该停车位 5：00～6：00 为空闲时段后,决定将原本预订的 3：00～5：00 停车时段修改为 4：00～6：00。于是系统获取到用户 A 对该停车位 3：00～4：00 的退订时段的退订请求,以及 5：00～6：00 的停车时段的预订请求。系统在用户 A 的原始预订时段(3：00～5：00)中去除退订时段(3：00～4：00)后,将 4：00～5：00 作为更新后的已预订时段,并将 3：00～4：00 的退订时段设置为空闲时段更新到大数据中,同时将该停车位 5：00～6：00 的时段作为用户 A 的另一个原始预订时段记录在大数据中。

5：00 时,系统进行用户 A 的停车费结算。在此期间,假设用户 B 预订了 3：00～3：30 的停车时段,之后又对该时段进行了退订,用户 C 随后预订了 3：15～4：00 的停车时段,且没有进行退订。则系统对用户 A 在 3：00～5：00 的原始预订时段期间的停车费结算操作,是这样计算需要支付停车费的时长的(时间以 min 为单位)：120min–30min–45min+30min=75min。即用户 A 需要支付 75min 的停车费。同理,在 6：00 时还会再结算一次用户 A 从 5：00～6：00 的停车时长。

8.4.2　基于时段设置和大数据的停车位预订系统

基于时段设置和大数据的停车位预订系统包括：预订请求获取模块，用于获取当前用户的预订请求，并将预订请求中当前用户预订的停车位的预订停车时段设置为当前用户的原始预订时段；退订请求获取模块，用于获取当前用户的退订请求，退订请求包括退订时段，退订时段为原始预订时段的子时段；更新模块，用于在原始预订时段中去除退订时段，得到更新后的已预订时段，并将退订时段设置为空闲时段更新到大数据中。空闲车位展示模块，用于从大数据中获取停车场中各停车位的空闲时段并推送给当前用户。停车费结算模块，用于在当前时间为原始预订时段的结束时间时，进行当前用户的停车费结算。停车费结算模块还用于将原始预订时段的时长减去其他用户的原始预订时段在退订时段中的时长，加上其他用户的退订时段在当前用户的退订时段中的时长，计算得到当前用户需要支付停车费的时长。此外，还包括用于提示用户预订成功的模块和用于提示用户退订成功的模块。

参 考 文 献

[1] Kolbert E. Field Notes from a Catastrophe: Man, Nature, and Climate Change[M]. London: Bloomsbury Publishing, 2015.

[2] Mu Y, Wu J, Jenkins N, et al. A spatial-temporal model for grid impact analysis of plug-in electric vehicles[J]. Applied Energy, 2014, 114: 456-465.

[3] 廖帅, 陈荦, 李军, 等. 基于区域划分的多线程并行时空聚集查询方法[J]. 地理信息世界, 2015（3）: 32-37.

[4] Golub G H, Ortega J M. Scientific Computing: An Introduction with Parallel Computing[M]. Amsterdam: Elsevier, 2014.

[5] Zgurskaya H, Smith J. Supercomputer simulations help develop new approach to fight antibiotic resistance[R]. Oak Ridge: United States, Oak Ridge National Laboratory （ORNL）, 2016.

[6] Yi X L Q, Zhao J. Using memory-style storage to support fault tolerance in data centers[J]. Energy, 2016, 1: 2.

[7] Brake D A, Bates D J, Putkaradze V, et al. Workspace multiplicity and fault tolerance of cooperating robots[C]// International Conference on Mathematical Aspects of Computer and Information Sciences. Berlin: Springer, 2015: 109-123.

[8] Meng X, Bradley J, Yavuz B, et al. Mllib: Machine learning in apache spark[J]. Journal of Machine Learning Research, 2016, 17（34）: 1-7.

[9] Guo Y, Rao J, Cheng D, et al. Ishuffle: Improving hadoop performance with shuffle-on-write[J]. IEEE Transactions on Parallel and Distributed Systems, 2017, 28（6）: 1649-1662.

[10] Satarić B, Slavnić V, Belić A, et al. Hybrid OpenMP/MPI programs for solving the time-dependent Gross-Pitaevskii equation in a fully anisotropic trap[J]. Computer Physics Communications, 2016, 200: 411-417.

[11] Mori J Y, Hübner M. Multi-level parallelism analysis and system-level simulation for many-core vision processor design[C]//Embedded Computing （MECO）, 2016 5th Mediterranean Conference on. IEEE, 2016: 90-95.

[12] Chiu M H, Chen C H, Hwang Y C, et al. Disk array system and data processing method: US9459811[P]. 2016-10-04.

[13] Baek N, Yoo K H. Massively parallel acceleration methods for image handling operations[J]. Cluster Computing, 2017: 1-6.

[14] Siddique K, Akhtar Z, Yoon E J, et al. Apache Hama: An emerging bulk synchronous parallel computing framework for big data applications[J]. IEEE Access, 2016, 4: 8879-8887.

[15] Haberl H, Fischer-Kowalski M, Krausmann F, et al. Social Ecology: Society-Nature Relations across Time and Space[M]. Berlin: Springer, 2016.

[16] Luo X, Dong L, Dou Y, et al. Analysis on spatial-temporal features of taxis' emissions from big data informed travel patterns: A case of Shanghai, China[J]. Journal of Cleaner Production, 2017, 142: 926-935.

[17] Carneiro C A, Garcia F P, Freitas H C, et al. Scalable spatio-temporal parallel parameterizable stream-based JPEG-LS encoder[J]. IEICE Electronics Express, 2017: 14(2).

[18] Zhou Z, Liu X, Wang Y, et al. Fast construction of an index tree for large non-ordered discrete datasets using multi-way top-down split and MapReduce[C]//Advanced Cloud and Big Data (CBD), 2016 International Conference on. IEEE, 2016: 49-55.

[19] Pan S, Zhang S, Zhou W, et al. Power optimization in MIMO-OFDM systems with mixed orthogonal frequency division and space division multiple access scheme[J]. Wireless Personal Communications, 2016, 91(2): 1-17.

[20] Nair C, Kim H, Gamal A E. On the optimality of randomized time division and superposition coding for the broadcast channel[C]//Information Theory Workshop (ITW), 2016 IEEE. IEEE, 2016: 131-135.

[21] Winters K M, Lach D, Cushing J B. A conceptual model for characterizing the problem domain[J]. Information Visualization, 2016, 15(4): 301-311.

[22] Jing S, Yan G, Chen X, et al. Parallel acceleration of IBM alignment model based on lock-free Hash table[C]//Computational Intelligence and Security (CIS), 2016 12th International Conference on. IEEE, 2016: 423-427.

[23] Miao X, Jin X, Ding J. Improving the parallel efficiency of large-scale structural dynamic analysis using a hierarchical approach[J]. The International Journal of High Performance Computing Applications, 2016, 30(2): 156-168.

[24] Khorasani E S, Cremeens M, Zhao Z. Implementation of scalable fuzzy relational operations in MapReduce[J]. Soft Computing, 2017: 1-15.

[25] Van Ryzin J. Clasification and Clustering: Proceedings of an Advanced Seminar Conducted by the Mathematics Research Center, the University of Wisconsin at Madison, May 3-5, 1976[M]. Amsterdam: Elsevier, 2014.

[26] Ulloa J S, Gasc A, Gaucher P, et al. Screening large audio datasets to determine the time and space distribution of Screaming Piha birds in a tropical forest[J]. Ecological Informatics, 2016, 31: 91-99.

[27] Olson D R, Bialystok E. Spatial Cognition: The Structure and Development of Mental Representations of Spatial Relations[M]. London: Psychology Press, 2014.

[28] Li C, Zhang G, Lin S, et al. Quantum phase transition induced by real-space topology[J]. Scientific Reports, 2016: 6.

[29] Hehn M, D'Andrea R. Real-time trajectory generation for quadrocopters[J]. IEEE Transactions on Robotics, 2015, 31 (4): 877-892.

[30] Beadle C L. Plant growth analysis[J]. Techniques in Bioproductivity and Photosynthesis, 2014, 2: 20-25.

[31] Hortal S, Bastida F, Armas C, et al. Soil microbial community under a nurse-plant species changes in composition, biomass and activity as the nurse grows[J]. Soil Biology and Biochemistry, 2013, 64: 139-146.

[32] Nagi S, Chadeka E A, Sunahara T, et al. Risk factors and spatial distribution of Schistosoma mansoni infection among primary school children in Mbita District, Western Kenya[J]. Plos Neglected Tropical Diseases, 2014, 8 (7): e2991.

[33] Reid A A, Frank R, Iwanski N, et al. Uncovering the spatial patterning of crimes: A criminal movement model (CriMM) [J]. Journal of Research in Crime and Delinquency, 2014, 51 (2): 230-255.

[34] Pandey J. Geographic Information System[M]. New Delhi: The Energy and Resources Institute (TERI), 2014.

[35] Durumeric Z, Adrian D, Mirian A, et al. A search engine backed by Internet-wide scanning[C]//Proceedings of the 22nd ACM SIGSAC Conference on Computer and Communications Security. ACM, 2015: 542-553.

[36] Goodman J K, Cryder C E, Cheema A. Data collection in a flat world: The strengths and weaknesses of Mechanical Turk samples[J]. Journal of Behavioral Decision Making, 2013, 26 (3): 213-224.

[37] Quwaider M, Jararweh Y. An efficient big data collection in Body Area Networks[C]// Information and Communication Systems (ICICS), 2014 5th International Conference on. IEEE, 2014: 1-6.

[38] Ping Z, Tao L. A study of EAP translation test question design based on language database[J]. Journal of Chizhou University, 2015, 1: 005.

[39] Halevy A. Technical perspective: Incremental knowledge base construction using DeepDive[J]. ACM SIGMOD Record, 2016, 45 (1): 59.

[40] Zhu A X, Liu J, Du F, et al. Predictive soil mapping with limited sample data[J]. European Journal of Soil Science, 2015, 66 (3): 535-547.

[41] Lukoianova T, Rubin V L. Veracity roadmap: Is big data objective, truthful and credible?[C]//Asist

2003, Meeting of the Association for Information Science and Technology Beyond the Cloud Rethinking Information Boundaries, 2014.

[42] Getta J R. Translation of extended entity-relationship database model into object-oriented database model[C]// IfipWg 2.6 Database Semantics Conference on Interoperable Database Systems. North-Holland Publishing Co, 1992: 87-100.

[43] Zhou T, Cai Z, Wu K, et al. FIDC: A framework for improving data credibility in mobile crowdsensing[J]. Computer Networks, 2017, 120: 157-169.

[44] Su S, Liu Q, Chen J, et al. A positive feedback loop between mesenchymal-like cancer cells and macrophages is essential to breast cancer metastasis[J]. Cancer Cell, 2014, 25 (5): 605-620.

[45] Mathew R S, Tatarakis A, Rudenko A, et al. Inhibition of memory by a microRNA negative feedback loop that downregulates SNARE-mediated vesicle transport[J]. ELife, 2016, 5: e22467.

[46] Franco K, Geeraerts D, Speelman D. Heteronymy in dialect data: Three case-studies on the influence of semantic concept features[J]. International Journal of Humanities and Arts Computing, 2017, 2: 211-242.

[47] Tomio M, Ullrich D R. Environmental economic appraisal in the tourism field: Issues for discussion![J]. Estudios Y Perspectivas En Turismo, 2015, 24 (1): 172-187.

[48] Gu D J. Application research on the geographical survey spatial database and its key technology[J]. Applied Mechanics and Materials, 2014, 644: 2355-2358.

[49] Peterson B. Understanding Photography Field Guide: How to Shoot Great Photographs with Any Camera[J]. PC World, 2010.

[50] Agerri R, Artola X, Beloki Z, et al. Big data for natural language processing: A streaming approach[J]. Knowledge-Based Systems, 2015, 79: 36-42.

[51] Ahamed M A, Asraf-Ul-Ahad M, Sohag M H A, et al. Development of low cost wireless ECG data acquisition system[C]//Advances in Electrical Engineering (ICAEE), 2015 International Conference on. IEEE, 2015: 72-75.

[52] Gósy M. BEA-A multifunctional Hungarian spoken language database[J]. Phonetician, 2013, 105: 50-61.

[53] Zemp M. A historical grammar of the Tibetan dialect spoken in Kargil[J]. Stockholm: Stockholms Universitet, 2013, 91: 8-16.

[54] Bishop W, Grubesic T H. Geographic Information, Maps, and GIS[M]//Geographic Information. Berlin: Springer International Publishing, 2016: 11-25.

[55] Leick A, Rapoport L, Tatarnikov D. GPS Satellite Surveying[M]. Hoboken: John Wiley & Sons, 2015.

[56] Kamenjuk P, Aasa A, Sellin J. Mapping changes of residence with passive mobile positioning data: The case of Estonia[J]. International Journal of Geographical Information Science, 2017,

31(7): 1425-1447.

[57] Short K C. A spatial database of wildfires in the United States, 1992-2011[J]. Earth System Science Data, 2014, 6(1): 1.

[58] Hu C, Xu Z, Liu Y, et al. Semantic link network-based model for organizing multimedia big data[J]. IEEE Transactions on Emerging Topics in Computing, 2014, 2(3): 376-387.

[59] Chandel N S, Mehta C R, Tewari V K, et al. Digital map-based site-specific granular fertilizer application system[J]. Current Science, 2016, 111(7): 1208-1213.

[60] Janowski A, Nowak A, Przyborski M, et al. Mobile indicators in GIS and GPS positioning accuracy in cities[C]//International Conference on Rough Sets and Intelligent Systems Paradigms. Berlin: Springer, 2014: 309-318.

[61] Baral S R, Song Y I, Jung K, et al. The energy efficient for wireless sensor network using the base station location[J]. International Journal of Internet, Broadcasting and Communication, 2015, 7(1): 23-29.

[62] Zhuang Y, Syed Z, Georgy J, et al. Autonomous smartphone-based WiFi positioning system by using access points localization and crowdsourcing[J]. Pervasive and Mobile Computing, 2015, 18: 118-136.

[63] Zhang Y, Zhou Y, Liu H, et al. Method for positioning IP location and server: US9113294[P]. 2015-08-18.

[64] Davidowitz H, Coradetti T, Altman T, et al. Tracking biological and other samples using RFID tags: US9431692[P]. 2016-08-30.

[65] Wang Y, Yang X, Zhao Y, et al. Bluetooth positioning using RSSI and triangulation methods[C]//Consumer Communications and Networking Conference (CCNC), 2013 IEEE. IEEE, 2013: 837-842.

[66] Widodo S, Shiigi T, Hayashi N, et al. Moving object localization using sound-based positioning system with doppler shift compensation[J]. Robotics, 2013, 2(2): 36-53.

[67] Yang L, Yang G, Zhang Q, et al. Management and analysis platform of radio coverage data based on baidu map[C]//Instrumentation and Measurement, Computer, Communication and Control (IMCCC), 2015 Fifth International Conference on. IEEE, 2015: 369-372.

[68] Murphy L F. The use of an online video library in the development of case-based clinical reasoning skills in occupational therapy education[D]. Towson: Towson University, 2016.

[69] Kennedy M D. Introducing Geographic Information Systems with ARCGIS: A Workbook Approach to Learning GIS[M]. Hoboken: John Wiley & Sons, 2013.

[70] Wang W, Li N. Fabrication of travel map based on MapInfo: Making Shaanxi Shangluo for example[J]. Geomatics & Spatial Information Technology, 2015, 6: 24.

[71] Huang H, Chen Y, Clinton N, et al. Mapping major land cover dynamics in Beijing using all Landsat images in Google Earth Engine[J]. Remote Sensing of Environment, 2017.

[72] Teng X, Guo D, Guo Y, et al. IONavi: An indoor-outdoor navigation service via mobile crowdsensing[J]. ACM Transactions on Sensor Networks (TOSN), 2017, 13 (2) : 12.

[73] Adams S, Martino M A, Patruno J E, et al. The feasibility of the use of video capture, feedback process in the obstetrics and gynecology residents[J]. LVHN Scholarly Works, 2015.

[74] Yeredor A, Dvir I, Koren-Blumstein G, et al. Method and apparatus for video frame sequence-based object tracking: US9052386[P]. 2015-06-09.

[75] Miller H J. Time Geography and Space-Time Prism[M]//The International Encyclopedia of Geography. Hoboken: John Wiley & Sons, 2017.

[76] Järv O, Ahas R, Witlox F. Understanding monthly variability in human activity spaces: A twelve-month study using mobile phone call detail records[J]. Transportation Research Part C: Emerging Technologies, 2014, 38: 122-135.

[77] de Caluwe R, de Tré G, Bordogna G. Spatio-Temporal Databases: Flexible Querying and Reasoning[M]. Berlin: Springer, 2013.

[78] Spillius E B. Family and Social Network: Roles, Norms and External Relationships in Ordinary Urban Families[M]. London: Routledge, 2014.

[79] Tufekci Z. Big questions for social media big data: Representativeness, validity and other methodological pitfalls[J]. Eprint Arxiv, 2014.

[80] Lenhart A, Purcell K, Smith A, et al. Social media & mobile internet use among teens and young adults, Millennials. [J]. Pew Internet & American Life Project, 2010: 51.

[81] Wilson R. Commentary 2: The state of the humanities in geography-A reflection[J]. Progress in Human Geography, 2013, 37 (2) : 310-313.

[82] Petrusková T, Diblíková L, Pipek P, et al. A review of the distribution of Yellowhammer (Emberiza citrinella) dialects in Europe reveals the lack of a clear macrogeographic pattern[J]. Journal of Ornithology, 2015, 156 (1) : 263-273.

[83] Zhou Y, Cheng S, Chen D, et al. Temporal and spatial characteristics of ambient air quality in Beijing, China[J]. Aerosol and Air Quality Research, 2015, 15: 1868-1880.

[84] Endo M, Oliveira V. Translation method and translation system for translating input expression into expression in another language: US9582502[P]. 2017-02-28.

[85] Belsare A, Jawalkar S, Kachhap J, et al. Vacant parking space detection system[J]. Development, 2016, 3 (3) .

[86] Wu J, Bai X, Loog M, et al. Multi-instance learning in pattern recognition and vision[J]. Pattern Recognition, 2017.

[87] Liu Z, Zhang C, Tian Y. 3d-based deep convolutional neural network for action recognition with depth sequences[J]. Image and Vision Computing, 2016, 55: 93-100.

[88] Suzuki T. Geomagnetic sensor: US9465134[P]. 2016-10-11.

[89] Shapir E. Single infrared sensor capnography: US20170100058[P]. 2017-10-11.

[90] Guatieri S, Badaracco G, Defilippis I, et al. Pulse induction parking sensor[C]//SENSORS, 2016 IEEE. IEEE, 2016: 1-3.

[91] Lei C, Ouyang Y. Dynamic pricing and reservation for intelligent urban parking management[J]. Transportation Research Part C: Emerging Technologies, 2017, 77: 226-244.

[92] Das D. Data mining of Indian stock market from April, 2015 to March, 2016 using curve fitting technique[J]. Power, 2016, 653(618): 34.

[93] Zhang W, Gao S, Cheng X, et al. Research on fast recursive algorithm for NURBS curve interpolation[C]//AIP Conference Proceedings. AIP Publishing, 2017: 96-102.

[94] Banatwala M, Brooks D A, Russo J A. Dynamically managing parking space utilization: US9530253[P]. 2016-12-27.

[95] Kaspi M, Raviv T, Tzur M, et al. Regulating vehicle sharing systems through parking reservation policies: Analysis and performance bounds[J]. European Journal of Operational Research, 2016, 251(3): 969-987.

[96] Vohra D. Apache HBase[M]// Practical Hadoop Ecosystem. New York: Apress, 2016.

结　束　语

　　人地互动本质上是人与环境的一种交互。本书从大数据的角度对人地互动应用进行论述，同时从人地互动的角度对大数据进行研究。人地互动大数据的体量非常大，因为地球上有几十亿人口，地域辽阔，每人每地时时刻刻的交互数据更是无穷无尽。人地互动大数据的类型非常繁多，因为不同的人、不同的地、不同的互动可能产生不同类型的数据，如文字、图片、语音、视频、体感互动数据、传感器数据等。人地互动大数据总价值非常大，因为人与自然环境之间的冲突已经成为当今重要的亟待解决的世界性难题，而这个难题的解决不但要依赖定性的分析，还需要大数据来进行理性的定量的决策支持。但人地互动大数据的价值密度不高，因为几个人、几个地、几个互动的小数据中往往挖掘不出什么价值，而是需要很多人、很多地、很多交互数据的综合分析和挖掘，才能得到一定的价值。

　　人地互动不但广泛存在于城市，也存在于农村，甚至存在于整个宇宙，因此本书中的理论和方法可以应用于智慧城市、美丽乡村等领域。在解决森林的乱采乱伐、违章建筑、全球变暖、移民的身份认同乃至社会的长治久安等社会问题的治理领域，人地互动大数据也能起到定量化的辅助决策和方案推荐的作用。人地互动包含了人与人的环境，因此包含了所有事物，而互动进一步包含了所有事物之间发生的事件，因此人地互动大数据可以涵盖所有的大数据，能将所有大数据进行集成和关联。从人地互动的角度对大数据进行研究，能产生更大尺度的价值，进而服务于人与自然及社会的和谐发展，为中国梦、世界梦做出自己的贡献。